Seilschwebebahnen für den Fernverkehr von Personen und Gütern

M. Buhle · G. Dieterich · H. Wettich · A. Pietrkowski

Seilschwebebahnen
für den Fernverkehr von Personen und Gütern

Zeitreisen zur Kultur + Technik
Herausgegeben von Ronald Hoppe
edition·epilog·de

Bibliografische Information der Deutschen Nationalbibliothek:
Die Deutsche Nationalbibliothek verzeichnet diese Publikation
in der Deutschen Nationalbibliografie; detaillierte bibliografische
Daten sind im Internet über http://dnb.dnb.de abrufbar.

Ausgewählt, redigiert und gestaltet von Ronald Hoppe
Verlag: BoD · Books on Demand GmbH, Überseering 33, 22297 Hamburg, bod@bod.de
Druck: Libri Plureos GmbH, Friedensallee 273, 22763 Hamburg

ISBN: 978-3-8192-4655-5

Prof. M. Buhle

Seilschwebebahnen für den Fernverkehr von Personen und Gütern

VEREIN DEUTSCHER INGENIEURE • 8.11.1913

Eine Darstellung der neueren Entwicklung der Luftseilbahnen schließt die eingehende Behandlung ihrer Anfänge aus; doch dürfen sie nicht unerwähnt bleiben. Die Geschichte dieser Bahnen zeigt, dass sie viel älter sind, als meist angenommen wird.

Erwiesen ist, dass den Völkern des Ostens, den Chinesen und namentlich den Japanern, deren tief zerklüftetes Gebirgsland geradezu zur Ausbildung einer solchen Förderart aufforderte, die Seilschwebebahnen schon seit 1500 Jahren bekannt sind. *Abb. 1* veranschaulicht bereits eine wenn auch etwas beschwerliche Personenbeförderung, während *Abb. 2* einen fast 200 Jahre alten Seillaufzug darstellt, den wir in ähnlicher Weise bei den Berg-Seilaufzügen, allerdings für erheblich größere Spannweiten und Lasten, wiederfinden werden. Doch dürften diese Konstruktionen weder auf die Entwicklung der neuzeitlichen Schwebebahnen einen

Abb. 1.

Einfluss ausgeübt, noch in irgendwelcher Beziehung zu ihrer Erfindung gestanden haben.

Man kann sagen, dass die Luftseilbahnen seit 1874 einen besonderen Industriezweig bilden, da in diesem Jahr die vorher entstandenen Einzelheiten zu einer geschlossenen Bauart zusammengefasst wurden, die siegreich anfangs kleinere, später immer größere Entfernungen und Höhen überwunden hat.

Besonders bekannt geworden ist von den neueren Seilschwebebahnen die zur Erschließung der nordargentinischen Kordilleren[1] bis hoch in wildes Gebirge führende, bei 3500 m Höhe nahezu 35 km lange Bleichertsche Bahn. Ihr wirtschaftlich hervorragendes Ergebnis war, dass die Förderkosten für hochwertige Erze, die sich früher auf 54 Mark je Tonne beliefen, auf eine Mark je Tonne zurückgegangen sind. Der Entwurf bot bedeutende Schwierigkeiten, da nicht weniger als 25 mal Spannweiten von 320 m bis 850 m vorkommen, mit denen Taleinschnitte bis zu 200 m Tiefe überschritten werden mussten. Mit dieser Bahn ist die Aufgabe so glänzend gelöst worden, dass auch die heftigsten Schneestürme keine Betriebsunterbrechung herbeigeführt haben. Da mit ihr

1) Siehe Seite 51.

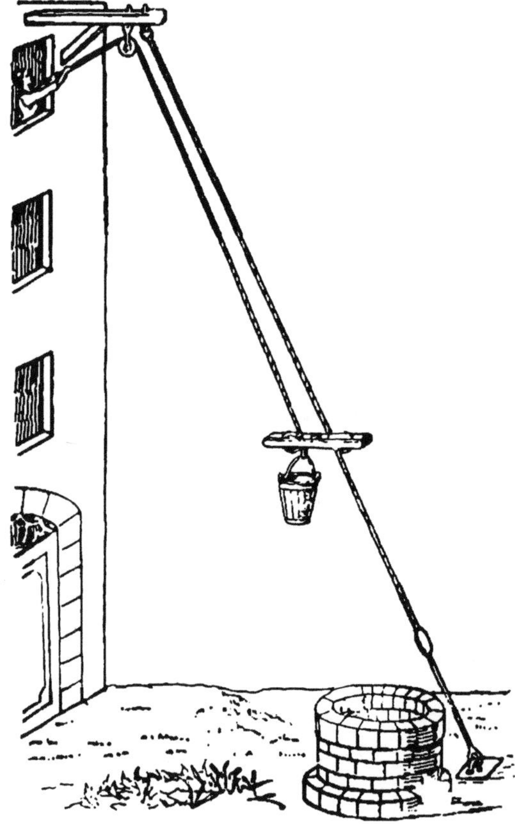

Abb. 2. Kabelbahn (etwa aus dem Jahr 1720) mit Einseillaufkatze.

nicht allein Erze hinunter ins Tal, sondern u. a. auch Trinkwasser nach oben zu befördern war, so wurden besondere Wagen für Trink- und Betriebswasser, lange Eisenstücke, Grubenhölzer, Kisten, Ballen u. dgl. und auch Wagen zur Personenbeförderung *(Abb. 3)* beschafft.

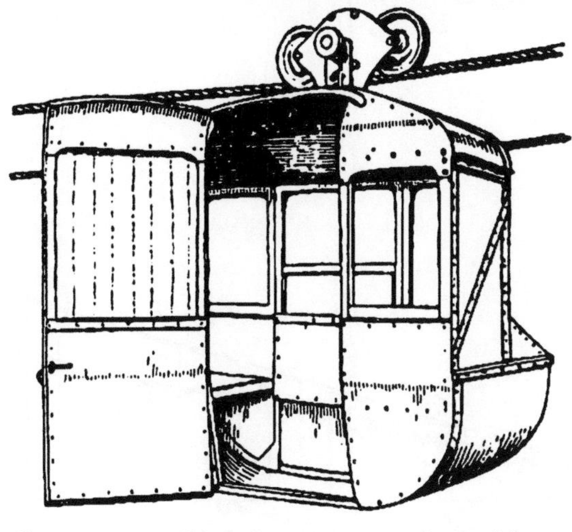

Abb. 3. Personenwagen der Kordilleren-Drahtseilbahn (Bleichert).

Für starke Steigungen, die selbst von Dampf- oder elektrischen Zahnrad-Lokomotiven nicht mehr zu nehmen sind, d. h. für Steilbahnen, hat man bisher meist bodenständige oder Gleis-Seilbahnen mit schwerem, recht kostspieligem Unterbau gewählt, bis diese in neuester Zeit durch die Luftseilbahnen überholt wurden.

Einschienenbahnen als Hängebahnen finden wir für Personenverkehr in größerem Maßstabe zuerst bei der bekannten Langenschen Schwebebahn in Elberfeld-Barmen, die im Herbst 1900 in Betrieb genommen wurde. Aus dieser Bahn hat sich die erste Berg-Schienenschwebebahn in Loschwitz bei Dresden *(Abb. 4 u. 5)* entwickelt, und in jüngster Zeit sind dann die

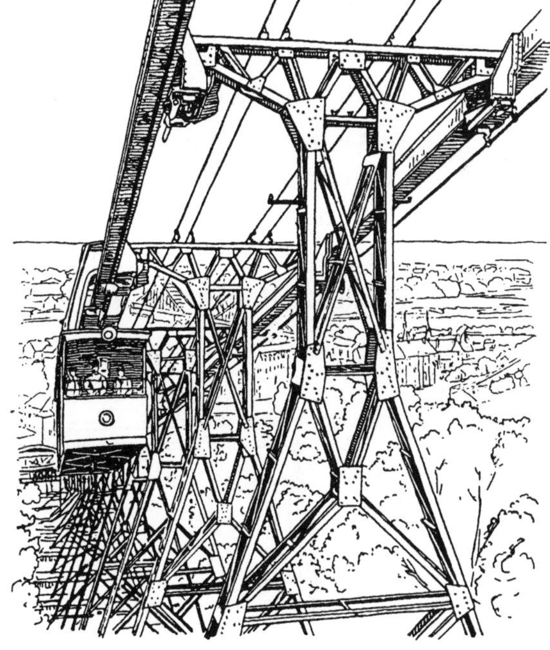

Abb. 4. Berg-Schienenschwebebahn in Loschwitz bei Dresden.

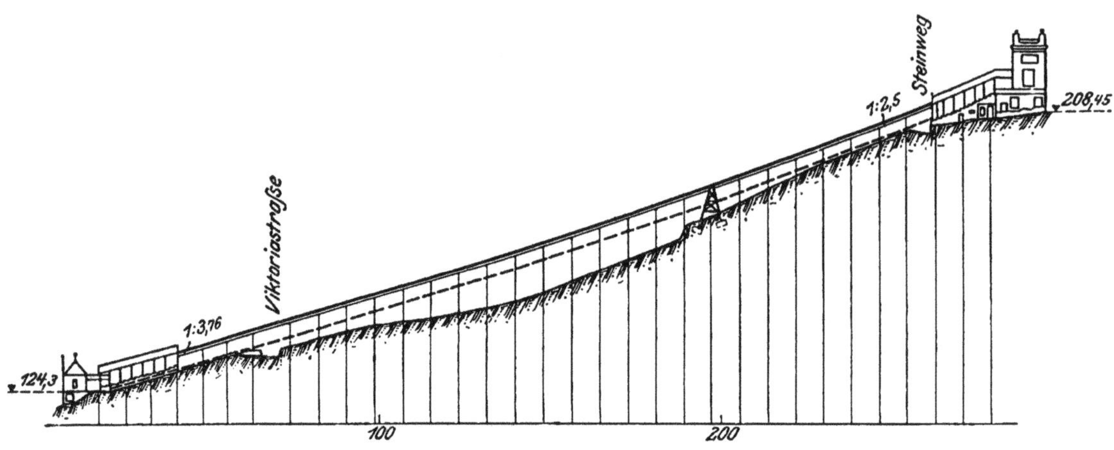

Abb. 5. Höhenprofil der Berg-Schienenschwebebahn in Loschwitz.

Berg-Seilschwebebahnen mit Zwischenstützen für Personenbeförderung, die noch besonders behandelt werden sollen, entstanden.

Bei den Luftseilbahnen sind die Gleise durch meist aus Drahtseilen bestehende Laufbahnen ersetzt *(Abb. 6)*. Das eine Ende der Trag- oder Laufseile ist fest verankert, während das andere durch Gewichte, Schrauben u. dgl. gespannt wird. Das endlose, bei der deutschen Bauart immer im gleichen Sinn umlaufende Zugseil bewegt, auf dem einen Strang die an der Beladestelle gefüllten, auf dem anderen die (meist) entladenen Wagen.

Zu den Vorteilen der namentlich bei den Großbetrieben im Berg- und Hüttenwesen wichtigen Bodenentlastung kommen die kurze Baufrist, sehr niedrige Grunderwerb- oder Mietkos-

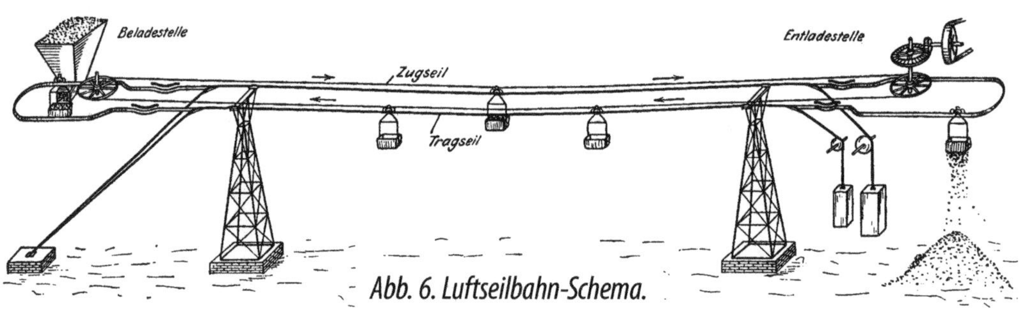

Abb. 6. Luftseilbahn-Schema.

ten und die Unabhängigkeit von der Form und Lage des Geländes hinzu. Überschwemmungen, Schneeverwehungen u. dgl. können den Betrieb einer Luftseilbahn nicht gefährden. Der Querverkehr, wie z. B. das Weiden von Vieh, das Einfahren des Kornes, kann sich ohne weiteres unter der Bahn abspielen.

Die Zwischenstützen für die Zugseile bilden die Seilbahnwagen selbst oder die Tragrollen auf den bis 25 m hohen hölzernen oder bis 50 m hohen eisernen Laufseilstützen, die bei großen Spannweiten, Flussübergängen u. dgl. vielfach turmartig ausgebildet werden müssen. Die Stützhöhe ist insbesondere vom Seildurchhang abhängig, der bei den größten Spannweiten von 1400 m recht beträchtlich werden kann. Die Straßen- und Eisenbahnübergänge sind durch Netze zu sichern, die bei schräger Überschreitung oft sehr lang sein müssen. Tatsächlich kommen diese Schutzvorrichtungen kaum je zur Wirkung; denn der Betrieb ist nahezu völlig sicher, was vor allem an der gediegenen Ausbildung der Kupplung zwischen dem Wagen und dem Zugseil liegt.

Die Seilbahnwagen bestehen aus dem Laufwerk mit 2 oder 4 tiefgerillten Gussstahlrädern, dem Gehänge und dem Wagenkasten. Gegebenenfalls treten an die Stelle des Kastens vielgestaltige Einrichtungen zur Aufnahme von Tonnen, Säcken, Ballen, Trägern, Brettern, Holzstämmen usw. Die Leistungsfähigkeit der selbsttätigen Kupplung zeigt *Abb. 7,* die einen Teil der steilsten Seilbahn der Welt, nämlich der vor einigen Jahren von A. Bleichert & Co., Leipzig, im Usambaragebirge[1] fertiggestellten Bahn von rd. 8900 m

---

1) Tansania

Abb. 7. Bleichertsche Luftseilbahn im Usambaragebirge.

Abb. 8. Meerseilbahn zur Erzbeförderung in Neukaledonien (Bleichert).

Länge und 1523 m Höhe mit Steigungen bis zu 86 % darstellt. Sie dient gleichzeitig zur Personenbeförderung mittels Plattformwagen.

Auch auf der in neuester Zeit gebauten neukaledonischen Meerseilbahn *(Abb. 8)* werden Personen zwischen dem Ufer und der etwa 1000 m entfernten Landungsbrücke, die im Übrigen zur Verschiffung der in Thio gewonnenen gewaltigen Nickelerzmengen dient, befördert.

In neuerer Zeit ist einer der ersten Vorschläge, ausschließlich für Personenbeförderung bestimmte Luftseilbahnen zu bauen, im Februar 1892 in der Zeitschrift *GLÜCKAUF* gemacht worden.

Abb. 9. Personen-Seilschwebebahn bei Brighton.

1894 erschien im *ENGINEERING* die Veröffentlichung der von **Brewer**, London, in der Nähe von Brighton in England über eine 70 m tiefe Schlucht gebauten Personen-Seilschwebebahn *(Abb. 9 u.*

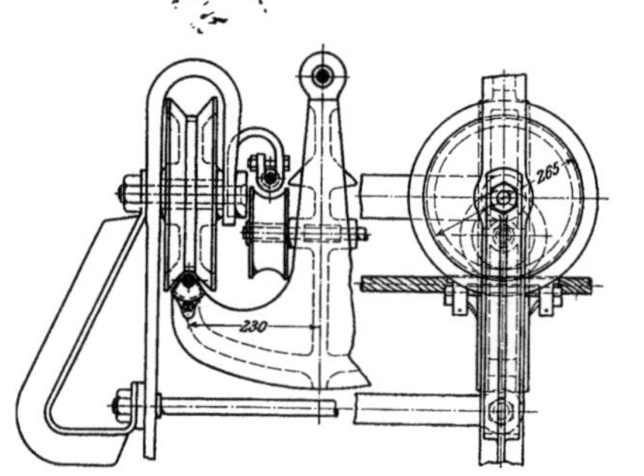

Abb. 10. Laufwerk zu Abb. 9.

10) die nur ein Tragseil hatte. Die Entfernung der beiden Türme betrug rd. 200 m, die Fahrzeit 2½ Minuten. Die mit vier

Rollen versehenen Wagen konnten acht Personen aufnehmen; im ersten Vierteljahr wurden über 4000 Fahrgäste befördert.

Auch Bullivant & Co., London, haben in den neunziger Jahren des vorigen Jahrhunderts in Hongkong eine Bahn zur Verbindung einer Zuckerfabrik mit den Wohngebäuden der Europäer auf einer Anhöhe außerhalb der Stadt gebaut.

Abb. 11. Personen-Seilschwebebahn auf den Sunrise Peak.

›To the sky in a bucket‹ lautet die echt amerikanische Losung der 1909 in Colorado von Silverplume auf den Sunrise Peak genau nach dem Muster der älteren Güter-Luftseilbahnen gebauten Bergseilbahn von 2100 m Länge und 550 m Höhe *(s. Abb. 11)*. Sie hat hölzerne Stützen für die beiden in 2,7 m Abstand verlegten Tragseile, die mittels einer Winde angespannt werden, so dass keine Gewähr für eine gleichbleibende Sicherheit besteht; allerdings sind alle Abmessungen im Vergleich zu Lastenbahnen von gleicher Leistung sehr reichlich bemessen. Die 26 aus Stahlblech hergestellten, zur Aufnahme von vier Erwachsenen bestimmten Wagen haben Zweirollen-Laufwerke und wiegen leer je 136 kg bei 900 kg Tragfähigkeit. Die Fahrgeschwindigkeit der dauernd mit dem Zugseil fest verbundenen Wagen beträgt etwas über 1 m/s. In den Endstellen sind Signaleinrichtungen, außerdem auf der Strecke drei Wachttürme mit Signalmännern vorhanden, die durch optische Zeichen und Fernsprecher mit den Endstellen in Verbindung stehen.

Zu den Vorläufern unserer jetzigen Personen-Seilschwebebahnen von etwa 600 m bis 6000 m Länge sind ferner noch die bis etwa 300 m langen Vergnügungsbahnen auf den Ausstellungen zu Stockholm 1897, Wien 1898, Mailand, Genua, Turin sowie Frankfurt a. M. 1909 zu rechnen. *Abb. 12 u. 13* zeigen solche Bahnen von **Ceretti & Tanfani**, *Abb. 12* die 1912 gebaute Bahn im Lunapark zu Osaka in Japan, *Abb. 13* eine ältere Bahn über den Po in Turin. Die japanische elektrisch betriebene Bahn hat bei einem Höhenunterschied der beiden Endstellen von 2 m eine Spannweite von 120 m und 1,5 m/s Fahrgeschwindigkeit. Die beiden im Pendelbetrieb verkehrenden Wagen fassen je vier Personen und sind mit Sicherheitshaken ausgerüstet.

Abb. 12. Personen-Seilschwebebahn im Lunapark zu Osaka (Japan), gebaut von Ceretti & Tanfani.

In der Antriebsstelle befindet sich ein Endausschalter. Das Zugseil, das im Notfall als Tragseil dient, wird mittels einer Spindel gespannt gehalten. Der eine der beiden Endtürme besteht aus Holz, der andere aus Eisen. An die bekannte Bahn in San Sebastian in Spanien sei ebenfalls erinnert, auf der im Sommer 1909 über 13 000 Personen gefahren sind.

Die erste Berg-Seilschwebebahn der Alpen war die von der Simmeringschen Waggonfabrik in Wien 1907 erbaute, heute bereits abgerissene alte Kohlernbahn in Bozen. Der Verkehr auf der mit einfachem Tragseil und fast nur hölzernen Stützen versehenen Bahn ist sehr lebhaft gewesen. Der Höhenunterschied betrug 795 m bei 1500 m Länge, die

Abb. 13. Seilschwebebahn über den Po in Turin, gebaut von Ceretti & Tanfani.

Fahrtdauer etwa 15 Minuten. Sechs Fahrgäste (4 Erwachsene und 2 Kinder) fanden zur Not Platz. Ein 45 PS-Motor, seltsamerweise in der unteren Haltestelle, besorgte den Betrieb. Als dem Besitzer die Erlaubnis zur Beförderung von Reisenden wegen des Fehlens von Sicherheits-, Fang- und Bremsvorrichtungen und wegen der Holzstützen versagt wurde, obwohl ein Unfall nicht stattgefunden hatte, entschloss er sich, die alte Bahn durch eine neue mit Eisenstützen zu ersetzen, die allen Anforderungen der Aufsichtsbehörden entsprach.

Die alte Bahn hat dann noch zur Beförderung der Baustoffe für die von A. Bleichert & Co. ausgeführte neue Kohlernbahn[1] gedient. Auch von den Triebwerksteilen hat man nichts für den Neubau verwenden können. Die Kohlernbahn unterscheidet sich dem Wesen nach von der Lana-Vigiljoch-Bahn bei Meran (s. unten) insofern, als bei ihr jeder Wagen auf zwei mit je 18 t gespannten und für 5fache Sicherheit bemessenen Tragseilen läuft, von zwei Zugseilen mit 8facher Sicherheit gezogen wird, und dadurch, dass die Wagenbremsen auf die Tragseile wirken. Der leitende Grundsatz war, dass alle diejenigen Bestandteile der Bahn, durch deren Bruch oder Versagen Menschenleben gefährdet werden, doppelt anzuordnen sind, wenn ihre ursprüngliche Festigkeit durch natürliche Abnutzung wesentlich vermindert werden kann. Nach langjährigen Erfahrungen erreichen die Tragseile nur dann eine befriedigende Lebensdauer, wenn der Raddruck, dessen zulässige Höhe hauptsächlich von der Laufradform und von der Bauart und Spannung der Seile abhängt, und der nicht entsprechend der Verdickung des Seiles gesteigert werden darf, unter einer gewissen Grenze gehalten wird. Sollen die aus weiter unten zu besprechenden Gründen gern gewählten Litzenseile eine befriedigende Lebensdauer aufweisen, so muss der Wagen bei einem Gewicht von rd. 4 t (nach Bleichert) mehr als vier Laufräder erhalten.

---

1) Siehe Seite 107.

Aus baulichen Gründen wählt man dann gern acht Räder, die paarweise nebeneinander angeordnet sind. Auch wird bei der Teilung des Seilquerschnittes in zwei Seile die Oberfläche der Seile vergrößert und damit ihre Abnutzung vermindert. Während bei der aus zwei Strecken bestehenden Lanabahn die Tragseile in jedem Abschnitt aus einem Stück bestehen, sind die der Kohlernbahn aus einzelnen, je etwa 350 m langen, mit lösbaren Kuppelmuffen verbundenen Seilstücken hergestellt. Wirtschaftliche Gründe und die Sicherheit sind für die gewählte, vorsichtig erwogene Bauart maßgebend gewesen. In der Durchbildung der Sicherheitseinrichtungen für die Strecke, die Wagen, die Haltestellen und Antriebe liegt der wesentliche Unterschied zwischen den Personen- und den Güter-Luftseilbahnen. Mehrfache Bremseinrichtungen am Antrieb und am Laufwerk, ferner Teufenzeiger und Winddruckmesser *(Abb. 14)*,

Abb. 14. Wagenstellungsanzeiger und Winddruckmesser neben dem Maschinistenstand der Kohlernbahn.

Seh- und Hörsignale, Fernsprechmöglichkeit von jedem Punkt der Strecke aus sind bei Personen-Schwebebahnen größerer Länge unerlässlich. Dass man die Personenbahnen auch zur Güterbeförderung heranziehen kann, zeigt *Abb. 15*; aber umgekehrt geht es nur ausnahmsweise. Von großer Bedeutung sind die Wälzlagerschuhe *(Abb. 16)* mittels deren die Tragseile auf den Stützen so gelagert sind, dass auch an diesen Stellen beim Darüberwegfahren des Wagens das Wagengewicht auf beide Seile gleichmäßig verteilt wird. Die Fahrt über die Stützen macht sich jedenfalls wesentlich weniger bemerkbar als bei der Lanabahn. Eine besondere Wartung ist an diesen Stellen nicht erforderlich; auch halte ich es für ausgeschlossen, dass die Schuhe ihre Dreh- oder Wälzfähigkeit infolge von Rostbildung, Staub und Schmutz verlieren.

Die Durchbildung einer Seilschwebebahn mit Zwischenstützen und mehreren Tragseilen ist besonders schwierig gewesen wegen der Möglichkeiten

Abb. 15. Auswechseln des Personenwagens gegen ein Lastfördergehänge auf der unteren Haltestelle (Kohlernbahn).

1) der Überspannung des einen Seiles gegenüber dem anderen,

2) der einseitigen Wagenbelastung,

3) des einseitigen Winddruckes, die ganz andere Anforderungen an die Auflagerung der Seile auf den Stützen stellen als bei Güterbahnen mit nur einem Seil.

In diesen Untersuchungen und Konstruktionen, in der Erfindung des Wälzlagerschuhes, der eine allen Anforderungen genügende Auflagerung schafft und jede Entgleisung des Wagens infolge Schiefstellens mit Sicherheit ausschließt, liegt das große Verdienst von **Adolf Bleichert & Co.** um die Ausbildung dieser Bahnart.

Abb. 16. Wälzlager-Tragschuhe von Bleichert.

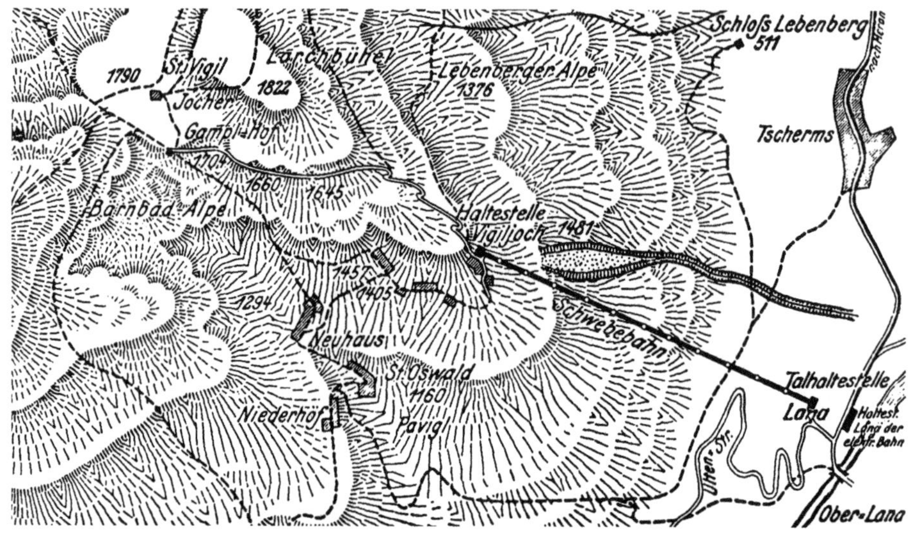

Abb. 17. Lageplan der Seilschwebebahn Lana-Vigiljoch, gebaut von Ceretti & Tanfani.

Hinsichtlich der Einzelheiten des Maschinenantriebes verweise ich auch auf eine Veröffentlichung in der *DEUTSCHEN BAUZEITUNG*[1]. Die Zugseile sind zwischen den beiden abgelenkten Tragseilen in die obere Haltestelle über die zum schnellen Stillsetzen der Bahn angeordneten, schwebend aufgehängten Rollen geführt und dann weiter über die Zugseil-Antriebrollen geleitet.

Bei der im Herbst 1912 dem Betrieb übergebenen, von **Ceretti & Tanfani** in Mailand nach Entwürfen von Fühles gebauten Seilschwebebahn Lana-Vigiljoch bei Meran *(Abb. 17)* laufen die einschließlich des Schaffners 16 Personen fassenden Wagen auf je einem mit 18 t gespannten Tragseil, das für 9fache Sicherheit berechnet ist, und werden von einem mit etwa 8facher Sicherheit bemessenen Zugseil gezogen. Überdies ist ein im gewöhnlichen Betrieb ruhendes Bremsseil von der Dicke des Zugseiles angeordnet, mit dem die Fahrzeuge durch die Bremseinrichtungen am Wagen jederzeit sofort angehalten werden

1) Siehe Seite 119.

können. Die Winden in der mittleren Haltestelle, in der umgestiegen wird, und in der oberen Endstelle werden mit Gleichstrommotoren von 550 V betrieben. Das Elektrizitätswerk Lana liefert zunächst Drehstrom von 3000 V. Dabei ist die Anordnung so getroffen, dass die Wagen im Notfall auch mit dem Bremsseil gezogen werden können. Die Fahrgeschwindigkeit beträgt 1,75 m/s, die Fahrtdauer einschließlich Umsteigens 20 Minuten, der Fahrpreis für Hin- und Rückfahrt 4 Kronen[1].

Abb. 18. Führseil und Schlitzstangen-Rolle an den Wagen der Schwebebahn Lana-Vigiljoch.

Ein in *Abb. 18* erkennbares Führseil dient nebst einer am Wagen befindlichen Schlitzstange und Rolle den Fahrzeugen als seitlicher Halt. Die Längspendelungen sind durch Reibscheiben gedämpft. Die größte Stützenentfernung beträgt 200 m. *Abb. 19* zeigt die 30 m hohe Stütze. Bei Seilprüfungen können nur die an der Oberfläche liegenden Drähte untersucht werden, und die Prüffähigkeit ist somit bei zwei Tragseilen ebenfalls günstiger als bei einem etwas stärkeren Laufseil.

Beim Entwurf der jetzt im Bau befindlichen Bahn Zambana-Fai bei Trient *(Abb. 20)* sind die bei der Meraner Bahn gemachten Erfahrungen benutzt worden. Größere Spannweiten und höhere Stützen sind vorhanden. Statt 10facher ist jetzt 6fache Sicherheit er-

Abb. 19. Seilprüfungsfahrt auf der Bahn Lana-Vigiljoch.

1) rd. 20 € in 2023.

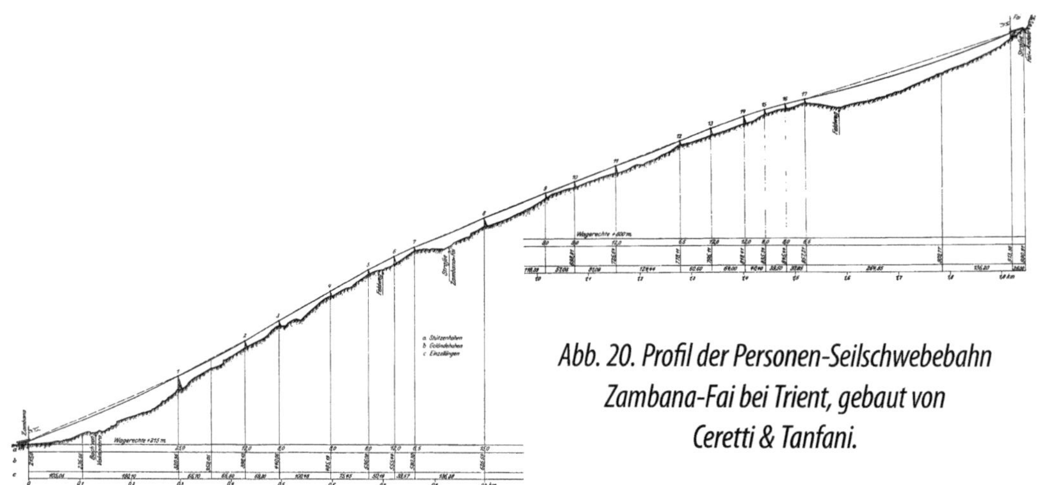

Abb. 20. Profil der Personen-Seilschwebebahn Zambana-Fai bei Trient, gebaut von Ceretti & Tanfani.

laubt, was schon viel ausmacht. Sanftere Übergänge, längere Wagengehänge, besserer, d. h. höherer Zugseilangriff sind angestrebt. Als die Lanabahn entworfen wurde, war die höhere Anordnung des Zugseiles nicht möglich, da das österreichische Eisenbahn-Ministerium zu jener Zeit noch die Forderung stellte, dass das Bremsseil auch als Ersatztragseil dienen sollte, weshalb es sehr straff gespannt werden musste. Wäre das Zugseil höher gelegt worden, so hätte es beim Betrieb das Bremsseil gestreift. Da diese Forderung fortgefallen ist, können nun Zug- und Bremsseil in eine waagerechte Ebene gelegt werden.

— — —

Lange Zeit hindurch waren die Luftseilbahnen nur auf die Beförderung von leicht teilbaren Stoffen angewiesen, weil ihre nur an einzelnen, oft weit voneinander entfernten Stellen gestützten Laufbahnen keine großen Einzelbelastungen vertrugen. Allein das neuzeitliche Bedürfnis nach Groß-Seilbahnen schuf zugleich die Nachfrage nach Schwerlastbahnen, bei denen vierrädrige Laufwerke mit Wagen bis zu 4 t Gewicht verwendet werden. Mit der Lösung dieser Aufgaben ist die Entwicklung der unter ähnlichen Bedingungen arbeitenden Personen-Seilschwebebahnen mit Zwischenstützen ebenfalls gefördert worden. Anderseits führte die Ausbildung der in Deutschland zuerst von Unruh & Liebig in Leipzig vor etwa 12 Jahren in den Kunathschen Steinbrüchen in Demitz bei Bautzen gebauten Kabelkräne, die in Carrara heute schon bei 80 m Spannweite auf zwei Tragseilen 20 t Nutzlast tragen, zu den Bergaufzügen und Kabelbahnen für Personenbeförderung. Hier sei einer Anlage *(Abb. 21)* gedacht, die zur Rettung Schiffbrüchiger anlässlich der Strandung des Dampfers ›Berlin‹ im Februar 1908 in Hoek van Holland gebaut ist. Die Anlegestelle ist 140 m landeinwärts an der 2 km langen, bei Sturm

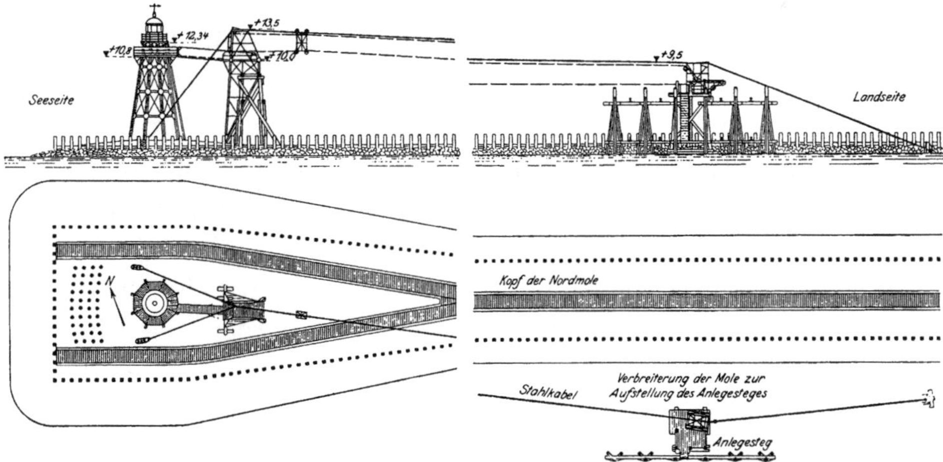

Abb. 21. Seilbahnanlage zur Rettung Schiffbrüchiger in Hoek van Holland (Bleichert).

völlig überfluteten Mole errichtet, wo man tiefes Wasser hat und vor der Gewalt der Wellen geschützt ist. Von hier aus ist ein kräftiges Drahtseil nach einem Eisengerüst beim Leuchtturm am Molenkopf gespannt, das mit dem Turm durch eine Kettenbrücke verbunden ist. Auf diesem Seil wird ein sechs Personen fassender Hängewagen hin und her bewegt. Zunächst gelangt bei einer Strandung die Rettungsmannschaft auf diesem Weg nach dem Leuchtturm, dessen Bühne Raum für etwa 40 Personen bietet. Vom Turm aus wird durch eine Rakete ein leichtes Seil nach dem Schiff geschossen und damit

Abb. 22. Kabelbahn für Arbeiter- und Baustoff-Beförderung zum Leuchtturm von Beachy Head (England).

ein schweres Tau herübergezogen, an dem nun die Fahrgäste nach dem Leuchtturm hinaufbefördert werden. Wir haben hier also bereits eine ausschließlich für Personenbeförderung gebaute Seilschwebebahn. Die in *Abb. 22* dargestellte Kabelbahn hat man für den Bau des Leuchtturms auf Beachy Head hergestellt, um von der Höhe der schroffen Felsküste sämtliche Baustoffe zur Baustelle zu führen und die Arbeiter sicher von und nach dem Ort ihrer Tätigkeit zu befördern. Sie leitet unmittelbar zu den Berg-Seilaufzügen über; denn sie ist im Grunde nichts anderes.

Die Berg-Seilaufzüge sind im Übrigen eine Erfindung des 1905 verstorbenen Regierungsbaumeisters Feldmann, der

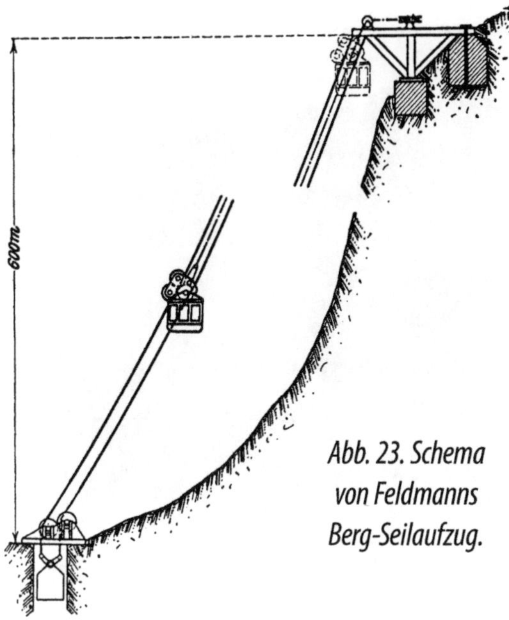

Abb. 23. Schema von Feldmanns Berg-Seilaufzug.

den Bau der Personen-Schwebebahnen in Elberfeld und Loschwitz geleitet hat. Zustande gekommen ist die erste und bis heute einzige Ausführung am Wetterhorn bei Grindelwald namentlich durch die tatkräftige Unterstützung des durch die Jungfraubahn berühmt gewordenen, im Dezember 1909 verstorbenen Züricher Bergbahningenieurs Emil Strub. *Abb. 23* zeigt die grundsätzliche Darstellung, *Abb. 24* das Längsprofil der Wetterhornbahn. Der Höhenunterschied der Endstellen bei diesem ersten Abschnitt der Bahn beträgt 420 m, der waagerechte Abstand 367 m, die schiefe Länge in einer Spannung 560 m. Im Ganzen sind bis zum Gipfel des Wetterhornes vier solcher Aufzüge nötig. *Abb. 25* zeigt die ersten beiden Abschnitte. Die zweite Strecke, zu der ein bequemer, 1 km langer Fußweg führt, ist vorläufig noch Entwurf. Bei der Bahn sind zwei in senkrechter Ebene angeordnete, verschlossene Seile für jeden Wagen vorhanden; die Bruchbelastung beträgt 170 t. Ich halte im Interesse der Bah-

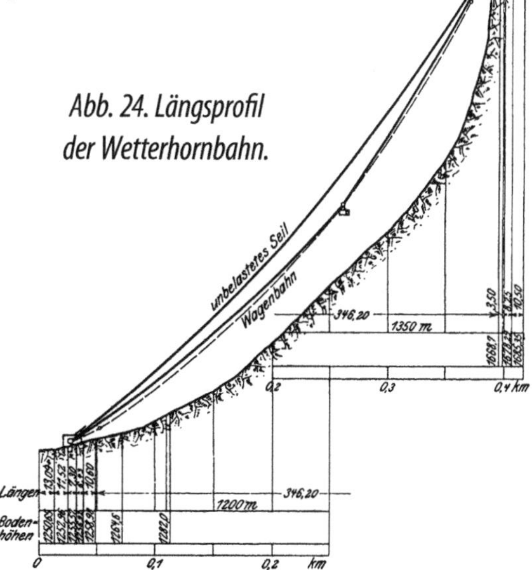

Abb. 24. Längsprofil der Wetterhornbahn.

Abb. 25. Die Wetterhornbahn.

nen hinsichtlich der Gewöhnung des Publikums zwei Seile für empfehlenswert. Außerdem sind auch die Schwankungen entschieden kleiner. Bei Durchführung der behördlich vorgeschriebenen Prüfungen ist aber der Bruch der Tragseile bei den Zwei- wie bei den Einseilbahnen ausgeschlossen. Diesen Standpunkt nimmt (sicherem Vernehmen nach) jetzt auch das österreichische Eisenbahn-Ministerium ein.

Die Fahrt auf der Wetterhorn-Bahn dauert bei 1,3 m/s

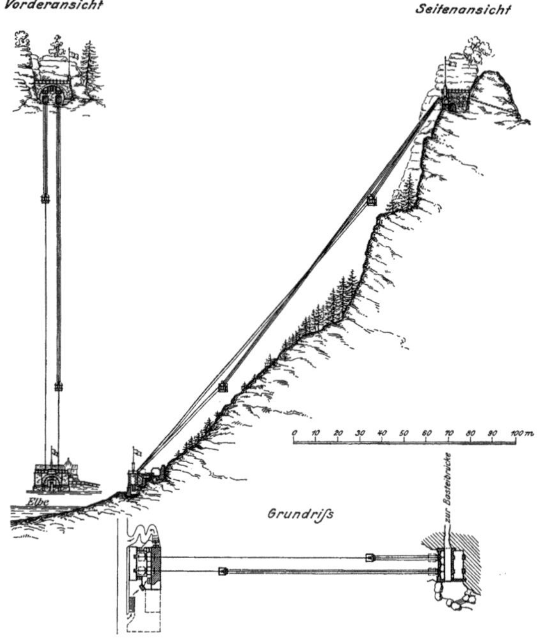

Abb. 26. Seilaufzug nach der Basteibrücke (Plan nach Feldmann).

Geschwindigkeit 8 Minuten. Hin- und Rückfahrt kosten 5 Fr. Die obere Haltestelle ›Enge‹ liegt 1677 m über dem Meer. Bei der Ankunft des Wagens wird, ähnlich wie bei einer Schiffslandung, ein Steg übergeschoben, der aber torartig ausgebildet und rings mit Segeltuch bespannt ist, damit niemand hinunterblicken und schwindlig werden kann.

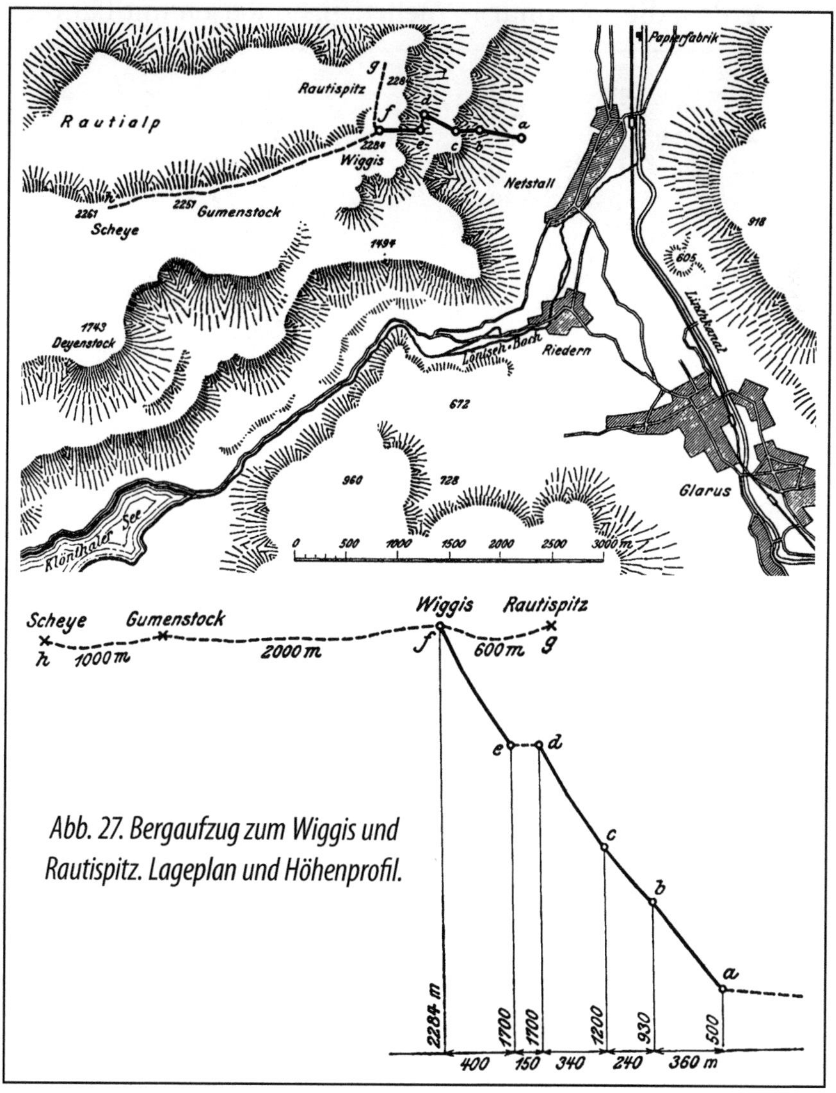

Abb. 27. Bergaufzug zum Wiggis und Rautispitz. Lageplan und Höhenprofil.

Für den ersten Seilaufzug, den Feldmann für die Bastei *(Abb. 26)* plante, trifft nicht zu, was er später mit seinen Bahnen bezweckt hat. 1902 schrieb er an Strub, dass er die eigentliche Bedeutung seiner Aufzüge in der Ergänzung anderer Bergbahnen sähe. Feldmann wollte mit seinen Aufzügen neue Wegverbindungen herstellen. Berggipfel sollten erreichbar werden, die sonst nur in mehrtägigen Reisen mit Führern

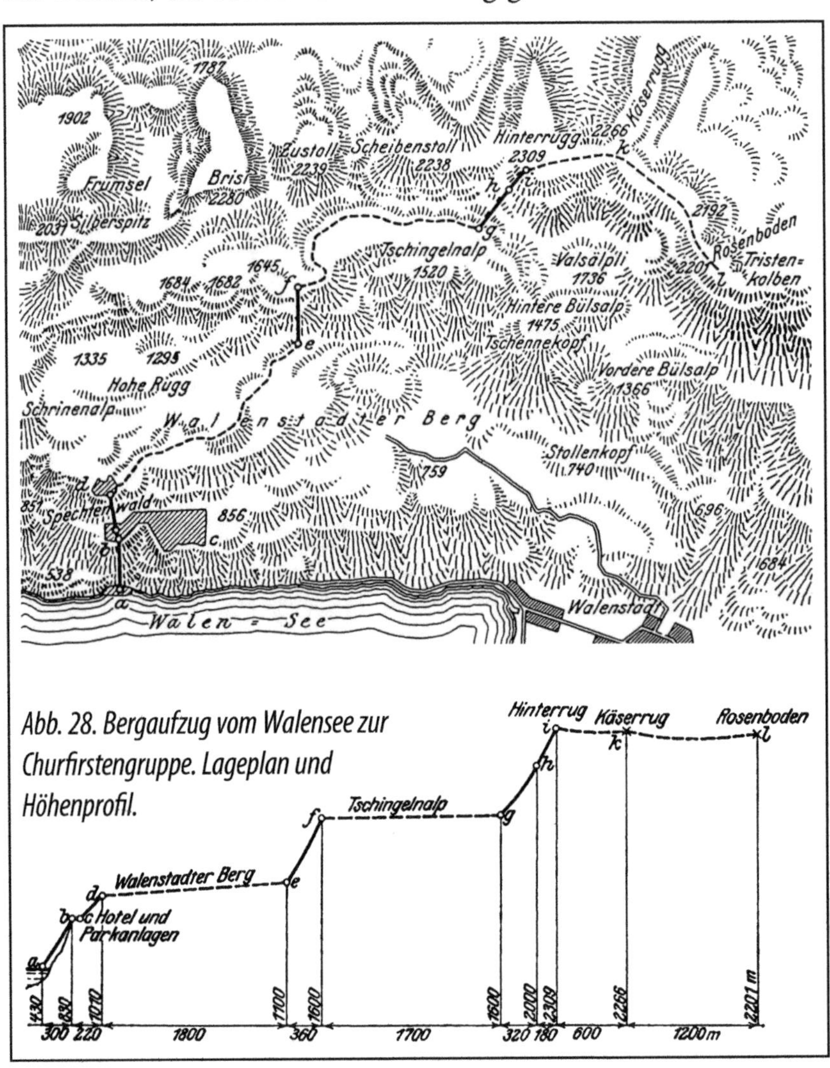

Abb. 28. Bergaufzug vom Walensee zur Churfirstengruppe. Lageplan und Höhenprofil.

zu erklimmen sind. Wir sehen in *Abb. 27* den interessanten
Entwurf für unmittelbar hintereinander geschaltete Aufzüge
zum Wiggis und Rautispitz und in *Abb. 28* das Gleiche für die
sich in größeren Abständen folgenden Bahnen vom Walensee
zur Churfirstengruppe. Ich weise besonders auf die für Bauten
mancher Art, wie Sommerwohnungen, Gasthäuser, Sanatori-
en usw., zu erschließenden Hochebenen hin, deren Besiede-

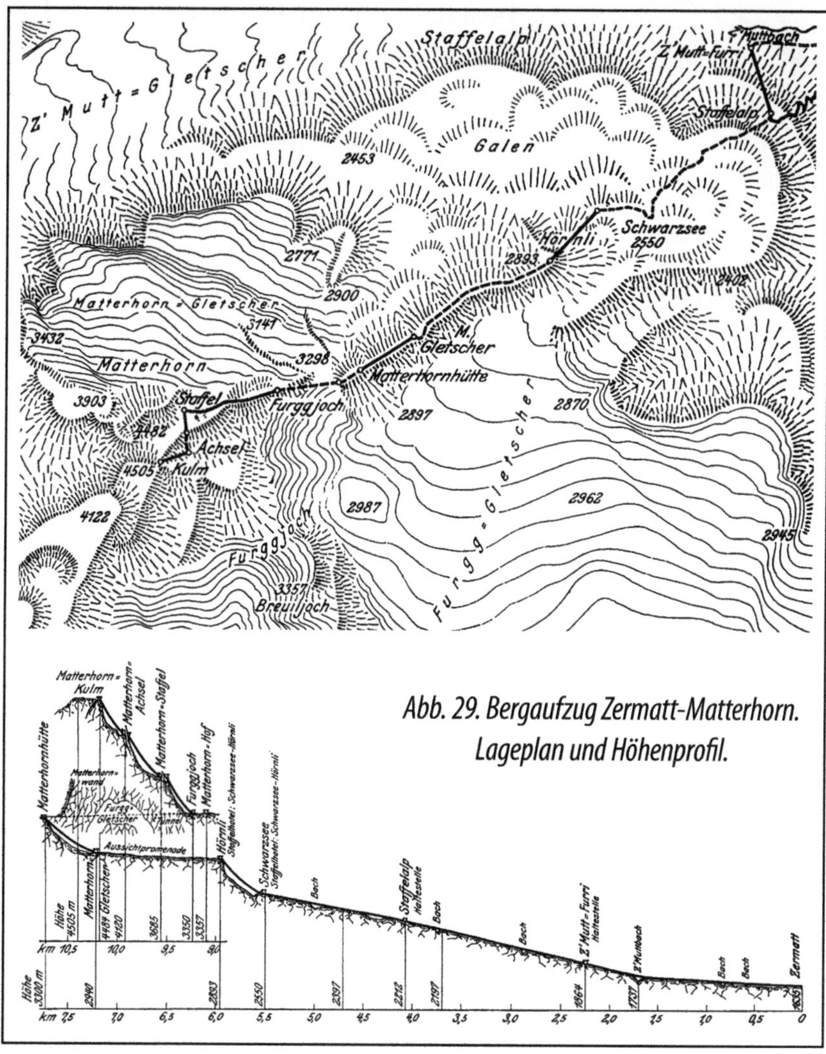

Abb. 29. Bergaufzug Zermatt-Matterhorn.
Lageplan und Höhenprofil.

lung durch kostspielige Wegebauten in weite Ferne gerückt
wäre. Gewiss sind die zuweilen gegen solche Bahnen gerich-
teten Bestrebungen des ›Heimatschutzes‹ vielfach berechtigt,
besonders wo kein Bedürfnis vorliegt, wie bei der Bastei oder
bei der Matterhorn-Bahn *(Abb. 29)* indessen auch die übrigen,
vornehmlich die gesundheitlichen In-
teressen sollten in vernünftiger Weise
beachtet und nicht grundsätzlich be-
kämpft werden.

Besonderes Interesse erregte seinerzeit der Plan einer Seilschwebebahn
von Zermatt auf das Matterhorn. Der
fertige Entwurf wurde lange Zeit zu-
rückgehalten, da man vor Einreichung
eines Genehmigungsgesuches die Ergebnisse mit dem Wetterhorn-Aufzug
abwarten wollte. Inzwischen hat sich
eine, meines Erachtens durchaus be-
rechtigte, lebhafte Abneigung gegen
eine Matterhorn-Bahn geäußert, so
dass dieser große Plan wohl nur ein bemerkenswerter Entwurf bleiben wird.

Abb. 30. ›Schwebelift‹ von Petersen. Fahrzeug.

Der gesamte Höhenunterschied vom Fußpunkt bis zu der
4484 m hoch liegenden Spitze beträgt 2849 m, die waagerechte Länge einschließlich der eingeschalteten Promenadenwe-
ge 10,2 km. Die Anlagekosten waren auf 3 Mill. Fr. geschätzt.
Auf die weiteren Pläne Feldmanns, die heute bezüglich des
Wendelsteines, der Zugspitze usw. in anderer Form wieder
aufgetaucht sind, will ich hier nicht eingehen. An dieser Stelle
möchte ich die auf *Seite 135* beschriebene, in den Jahren 1911
und 1912 von J. Pohlig AG gebaute Personen-Schwebebahn in
Rio de Janeiro erwähnen, die ebenfalls keine Zwischenstützen hat, vielmehr in zwei freien Spannweiten von 575 m und

800 m Höhenunterschiede von je etwa 200 m überwindet. Auch bei dieser vorläufig eingleisigen Bahn sind zwei Tragseile nebeneinander angeordnet, während als Zugseil zunächst nur ein Seil wirkt; ein zweites Zugseil, das als ›Fangseil‹ oder Hilfsseil leer mitläuft, soll die Bewegung des Wagens nicht erst beim Bruch des eigentlichen Zugseiles, sondern mit Hilfe einer selbsttätig wirkenden Einrichtung am Antriebe bereits dann übernehmen, wenn die Spannung im eigentlichen Zugseil die doppelte Betriebsspannung erreicht. Mir will die gleichmäßige Verteilung der Zugseilarbeit auf zwei Seile, wie beim Wetterhorn-Aufzug und bei der Kohlernbahn, besser gefallen, weil im Falle des Reißens des einen Seiles die Weiterfahrt unmittelbar vom anderen ohne den Umweg über den Antrieb übernommen wird. J. Pohlig hat übrigens schon 1908 in China zum Bau des Beacon-Hill-Tunnels für eine in Kanton mündende Eisenbahn nach Art der Lastenbahnen eine allein für Personenbeförderung bestimmte Luftseilbahn ausgeführt. Schließlich weise ich im Anschluss an die Kabelbahnen auf die mir kürzlich bekanntgewordene Bauart einer Luftseilbahn von Professor Petersen in Berlin hin *(Abb. 30 u. 31)* die er in seinem Patent als ›Schwebelift‹ bezeichnet. In zwei über die oberen und unteren Rollen geschlungene endlose Seile ist ein Fahrzeug gelenkig so eingehängt, dass es sich

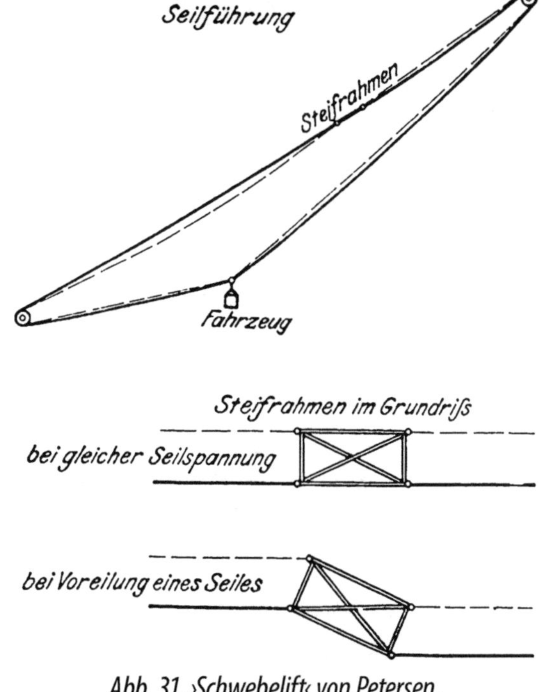

Abb. 31. ›Schwebelift‹ von Petersen.

gegenüber den Seilenden frei drehen und entsprechend der jeweiligen Kraftrichtung einstellen kann. Die Begriffe Trag- und Zugseile sind hier also gleichbedeutend. Die beiden Seile sind zur Vermeidung einer gegenseitigen Voreilung durch eine Kupplung, nämlich einen im oberen Seiltrum im Gegen-

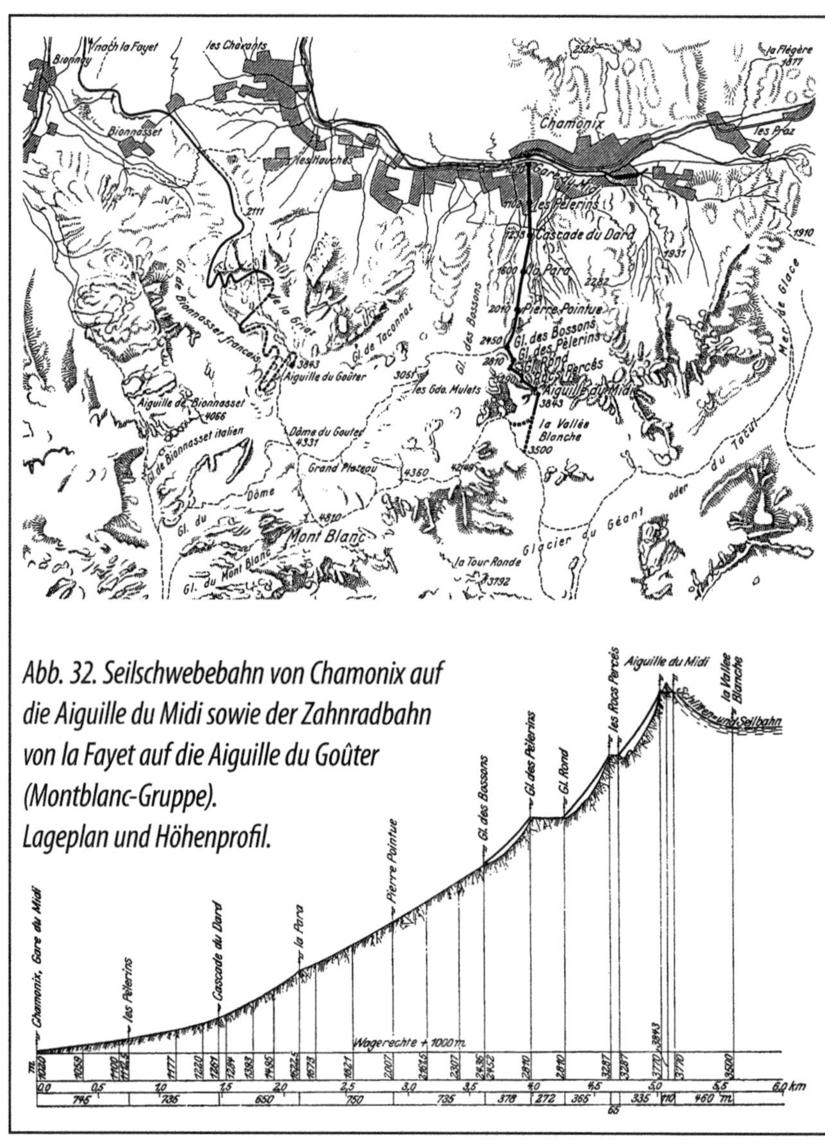

Abb. 32. Seilschwebebahn von Chamonix auf die Aiguille du Midi sowie der Zahnradbahn von la Fayet auf die Aiguille du Goûter (Montblanc-Gruppe). Lageplan und Höhenprofil.

punkt des Fahrzeuges angeordneten Steifrahmen *(Abb. 31 unten)* verbunden. Mehrere derartige Pläne werden von der Continentalen Gesellschaft für elektrische Unternehmungen vorbereitet.

Ebenso kühn wie der vorhin besprochene Matterhorn-Entwurf ist der in Ausführung begriffene Plan einer Seilschwebebahn auf den Montblanc mit Hilfe einer Vereinigung der beiden Bauarten mit und ohne Zwischenstützen. Der ursprüngliche Strubsche Entwurf sah zuerst eine Standseilbahn vor; später setzte Strub an ihre Stelle zwei seiner Seilschwebebahnen, die von Chamonix in 1000 m Höhe bis La Para und von dort bis zum Bossons-Gletscher in 2500 m Höhe führen. Daran sollen sich drei Feldmann-Aufzüge anschließen, die sich für die letzten steileren Strecken, ihrer oben geschilderten Eigenart entsprechend, besser eignen.

Die drei Stufen überwinden 358 m, 477 m und 483 m, d. h. zusammen 1318 m auf 1078 m waagerechter Entfernung. Die Endhöhe beträgt 3770 m. Der Lageplan *(Abb. 32)* zeigt außerdem links den Entwurf einer zweiten, sich an die Bauart der Jungfraubahn anschließenden elektrischen Zahnradbahn, die von französischer Seite seit 1904 gebaut und auf den ersten Strecken seit Ende Juli 1909 betrieben wird. Die Bahn soll mit Hilfe einer Tunnelstrecke von 3 km Länge in 3820 m Höhe auf die Aiguille du Goûter führen; eine Weiterführung auf den 4810 m hoch gelegenem Gipfel des Montblanc würde den Bau von weiteren 4 km langen Tunneln bedingen. Die unteren und oberen Haltestellen der Montblanc-Seilschwebebahnen sollen ähnlich wie die der Lana-Bahn ausgeführt werden. Die unteren sind namentlich durch die Spanngewichte, die oberen durch die elektrischen Antriebe, die Bremsen, die Akkumulatorenräume u. dgl. gekennzeichnet.

Die Wagen *(Abb. 33)* von denen für jede Strecke zwei für gleichzeitigen Auf- und Abstieg verbunden sind, fassen bequem 20 bis 24 Fahrgäste und wiegen vollbelastet rd. 4 t. Beim Bau dieser Betriebsmittel sowie der Stützen *(Abb. 34)* hat man die Erfahrungen beim Betrieb der Lana-Bahn zum

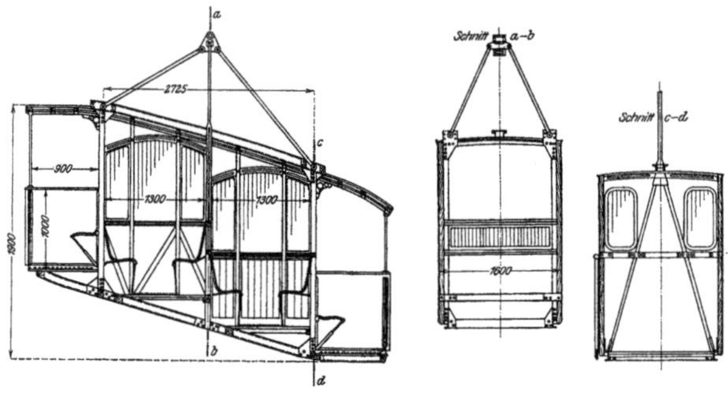

Abb. 33. Personenwagen der Seilschwebebahn von Chamopix nach der Aiguille du Midi.

Teil verwendet. Der kurze Fahrbahnabstand von 4 m dürfte indessen auch hier wieder ein Führseil nach *Abb. 18* erforderlich machen. Die ersten Abschnitte der Montblanc-Schwebebahn sollen im nächsten Frühjahr in Betrieb genommen werden.

In *Abb. 35* ist die Montblanc-Kette mit der in der Natur nahezu verschwindenden Linienführung der Bahn bis zur Aiguille du Midi wiedergegeben. Die höchste weiße Spitze rechts davon ist der Montblanc-Gipfel selbst. Nahe unterhalb der Spitze der Aiguille du Midi gestatten die örtlichen Verhältnisse die Anlage eines Felsenhotels mit großen Ebenen und Terrassen in 3800 m Meereshöhe, über dem sich die eigentliche Spitze noch 50 m hoch wie ein Aussichtsturm erhebt. Von dort ist wieder abwärts nach der ›Vallée Blanche‹ noch ein kleiner Aufzug geplant, der hier die großen, ganz ebenen Gletscher und Schneeflächen

Abb. 34. Stütze der Chamonixbahn.

Abb. 35. Die Montblanc-Kette mit der geplanten Hochgipfelbahn.

zugänglich machen würde, die jetzt im Winter überhaupt nicht, im Sommer nur auf schwierigem Weg mit achtstündigem Klettern zu erreichen sind.

Während beim Wetterhorn-Aufzug Felten & Guilleaumes verschlossene Seile als Laufbahn dienen, sind für die Montblanc-, die Lana- und die Kohlernbahn Litzenseile der St. Egydyer Eisen- und Stahl-Industrie-Gesellschaft in Wien als Tragseile gewählt, und zwar wegen ihrer außerordentlichen Dauerhaftigkeit und Betriebssicherheit *(Abb. 36)*. Die Lana-Seile haben an 50, die Kohlernbahn-Seile 92 behördliche Brems- und Fangversuche aushalten müssen. Die Hauptvorteile der Litzenseile sind große Bruchlast, geringes Gewicht, Herstellungsmöglichkeit in beliebigen, lediglich durch die Fördermittel für die Seile selbst bestimmten Längen und geringer Preis. Der Kostenunterschied kann 12 bis 16 Mark für 1 m Seil betragen. Seile mit Litzen als Decklage haben als Tragseile den weiteren Vorteil, dass ein einzelner gebrochener Draht nicht auf eine größere Länge aus dem Gefüge heraustreten kann, da er nur auf eine kurze Strecke freiliegt. Wenn die Drähte der äußeren Litzen durch die Räder abgenutzt sind, sollen in

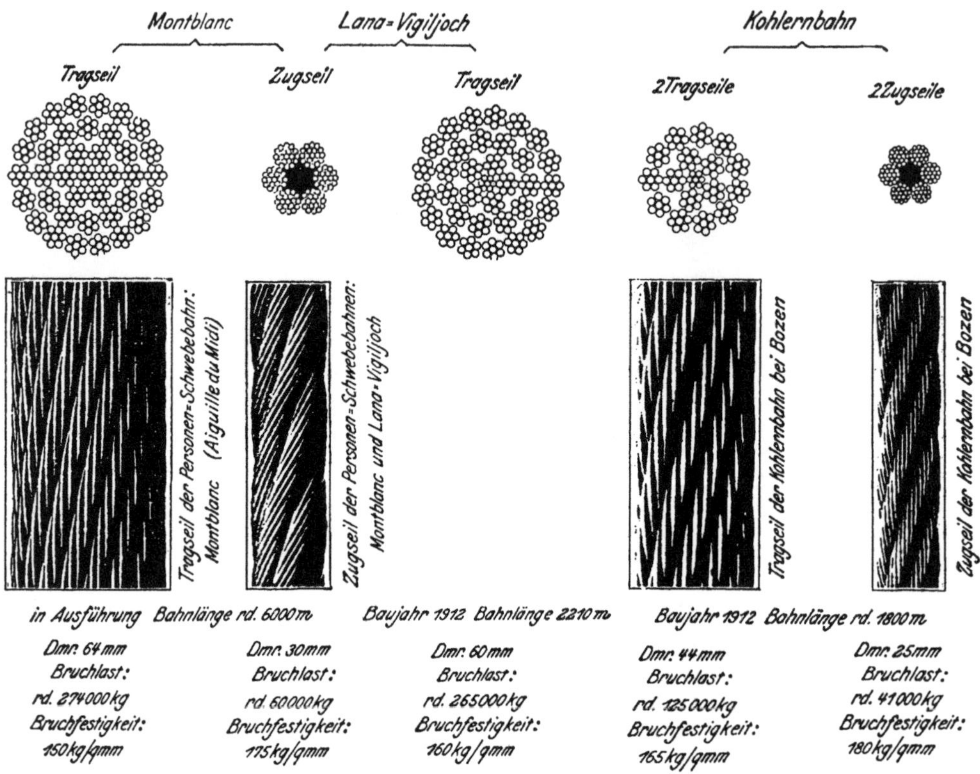

Abb. 36. Litzenseile der St. Egydyer Eisen- und Stahl-Industrie-Gesellschaft.

der Wiener Fabrik die schadhaften Litzen durch neue ersetzt werden, unter Wiederverwendung des Kerns. Das Neueste auf dem Gebiete sind Friedrich-Seile mit Decklage aus feindrähtigen Litzen und einem Kern aus Spiralseil, das entweder aus Runddrähten oder aus solchen mit Trapezdraht-Deckschicht besteht *(s. Abb. 37)*.

Bekanntlich haben sich die Luftseilbahnen namentlich für Massengüterverkehr zu einem sehr zuverlässigen und wirtschaftlichen Fördermittel ausgebildet und infolgedessen insbesondere von Deutschland aus weiteste Verbreitung gefunden; für den Personenverkehr stehen sie allerdings erst am Anfang ihrer Entwicklung. Die Gründe dafür sind wirtschaftlicher und technischer Natur. Bezeichnet man nach Strub die Kosten für 1000 m erstiegene Höhe bei Personen-Seilschwebebahnen mit 1, so ergibt sich für die bekannte in der Nähe von Bozen gelegene Mendel-Standseilbahn ungefähr das Doppelte, für Gleisseilbahnen mit noch zahlreicheren und größeren gemauerten Überführungen sogar das Drei- bis Vierfache. Zusammenfassend kann

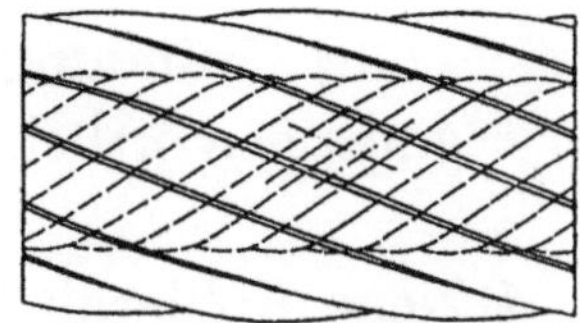

Abb. 37. Querschnitte und Ansicht von Friedrich-Seilen.

man, wenn von den verhältnismäßig kurz spannenden Vorläufern der Personen-Schwebebahnen für Fernverkehr abgesehen wird, bei den letzteren folgende fünf nach der zeitlichen Entstehung geordnete Bauarten unterscheiden:

1) Wetterhorn-Aufzug von Feldmann-Strub, gebaut von L. von Roll, Bern, eröffnet 1908, im Wesentlichen gekennzeichnet als 560 m lange Personen-Seilschwebebahn ohne Zwischenstützen mit zwei übereinander angeordneten Trag- und zwei Zugseilen und Zwei-Wagen-Pendelbetrieb (Höhenunterschied 420 m, Endhöhe 1677 m, Kosten rd. 280 000 Mark).

2) Lana-Vigiljochbahn bei Meran, von Strub und Ceretti & Tanfani, Mailand, 1912, eine in zwei Abschnitten von 1067 m und 1129 m Länge gebaute Luftseilbahn mit eisernen Zwischenstützen sowie einem Trag-, einem Zug- und einem Bremsseil, mit Zweiwagen-Pendelbetrieb auf jeder Strecke (Höhenunterschied 520 m und 633 m, Kosten rd. 560 000 Mark).

3) Rio de Janeiro, von J. Pohlig AG, Köln 1912, eine ebenfalls aus zwei Strecken: von 575 m und 800 m Länge bestehende Kabelbahn ohne Zwischenstützen mit, zwei nebeneinanderliegen-

den Tragseilen, einem Zugseil und einem leer mitlaufenden Fangseil sowie vorläufig je einem, später zwei Wagen auf jeder Strecke (Höhenunterschiede je etwa 200 m, Gesamtkosten 800 000 Mark einschließlich erheblicher Beträge für Fracht, Zölle, Gründungen und Aufstellung bei ungewöhnlich ungünstigen örtlichen Verhältnissen).

4) Neue Kohlernbahn von **Ad. Bleichert & Co.** in Leipzig, 1913 eröffnet, in einem Abschnitt von 1650 m Länge 1912 erbaut als eine auch zur Lebensmittel- und Baustoff-Beförderung benutzbare Personen-Seilschwebebahn mit zwei nebeneinander mittels Wälzlager-Tragschuhen auf eisernen Zwischenstützen verlegten Laufseilen, zwei Zug- und zwei Ballastseilen, mit Zwei-Wagen-Pendelbetrieb (Höhenunterschied 840 m, Endhöhe 1130 m, Kosten rd. 320 000 Mark).

5) Chamonix-Aiguille du Midi (Montblanc), im unteren Teil in Ausführung begriffen nach der Lana-Bauart, in den oberen Teilen in der Form mehrerer hintereinander geschalteter Feldmann-Aufzüge geplant (Höhenunterschied 2770 m, geplante Endhöhe 3770 m. Kosten je nach der Ausstattung der Höhenanlagen von Strub auf etwa 2½ bis 3 Mill. Mark geschätzt).

— — —

Ein Überblick über die neuere Entwicklung der bereits bis zu Längen von mehr als 35 km ausgeführten Seilschwebebahnen für den Güter-Fernverkehr lässt sich kurz anschließen.

In Nordspanien hat Ende des 19. Jahrhunderts die Vivero Iron Ore Co. zur Förderung der Erze von den Gruben bis zum Meerufer und von dort bis in die Schiffe fünf Drahtseilbahnen von Ad. Bleichert & Co. erbauen lassen. Eine von diesen Anlagen führt über eine eiserne, auf einem kräftigen Pfeiler gelagerte Verladebrücke *(Abb. 38)* so weit in das Meer hinaus, dass die größten in Frage kommenden Schiffe, die 3000 t fassen, beladen werden können, und zwar in nur 12-stündiger Arbeitsschicht, da die Bahn stündlich 250 je 1 t fassende Wagen befördert, die einander in Zeitabständen von nur 14 Sekunden folgen. Ähnlich liegen die Verhältnisse bei der von J. Pohlig AG erbauten 11 km langen spanischen Erzbahn bei Zarauz, wo das Gefälle der beladenen Wagen zum Betrieb der Bahn ausgenutzt wird. Eine entsprechend ausgebildete Bahn hat Pohlig in Nord-Chile gebaut. *Abb. 39* zeigt die ins Meer ragende Verladebrücke.

Abb. 38. Erz-Seilbahn der Vivero Iron Ore Co. in Nordspanien, gebaut von Ad. Bleichert & Co.

Sehr ausgedehnte Erzlager befinden sich auch auf Elba; doch machte die Beförderung der Erze zur Küste und die Verladung in die hauptsächlich nach Portoferraio und Neapel fahrenden

Abb. 39. Seilbahn-Verladebrücke am Meer bei Tofo in Chile, gebaut von J. Pohlig AG.

Schiffe Schwierigkeiten, weil die See an der offenen ungeschützten Küste nur etwa 150 Tage im Jahre genügend ruhig ist. So entstanden 1909 zwei Erzbahnen für je 200 t/h mit weit in das Meer reichenden Beladebühnen. Die Schiffe werden durch fahrbare Schurren beladen, in welche die Seilbahnwagen selbsttätig auskippen. Zu den hervorragendsten Beispielen leistungsfähiger Seilbahnen gehört auch die große Anlage der Orconera Iron Ore Co. im Minengebiet von Bilbao. Diese Anlage ist auf besonderen Wunsch der Gesellschaft von Ad. Bleichert & Co. als Doppelbahn für 210 t/h auf dem Hinweg und 105 t/h auf dem Rückweg, also zusammen 315 t/h, gebaut. Sie besteht aus einer Hauptbahn von 8,1 km und einer Zweigstrecke von 1,8 km Länge. Die für Luftseilbahnen stattliche Gesamtleistung beträgt 2340 Tonnen je Kilometer und Stunde.

Abb. 40. Drahtseilbahn für Erzbeförderung in Flamanville, gebaut von Ad. Bleichert & Co. Leistung 500 t/h.

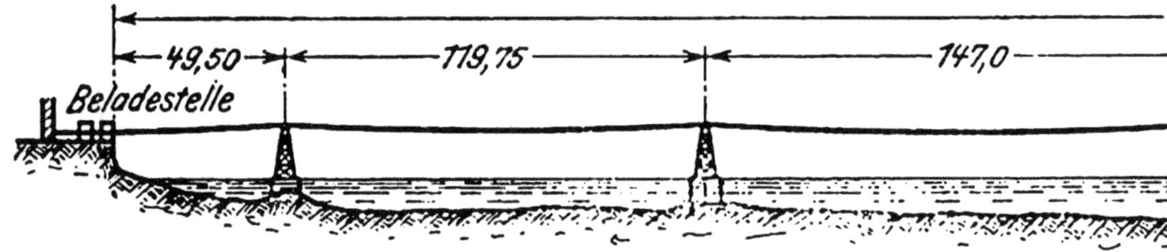

Sehr große Leistungen kann man außer durch Teilung in mehrere Bahnen noch durch Erhöhung der Einzellasten erreichen. Die höchste Leistung, nämlich von 500 t/h (!), ist durch die Vereinigung beider Mittel bei einer von Bleichert gebauten Anlage in Flamanville in Frankreich erreicht worden. Die Bahn *(Abb. 40)* geht von dem Eisenerzlager am Ufer in gerader Linie in das Meer hinaus; Stützen und Endstellen sind auf Versenkkästen im Meere aufgebaut. In der Endstelle sind noch einige 5 t-Kräne aufgestellt, die aus den Schiffen Nahrungsmittel oder sonstige Ladegüter übernehmen und in die Gruben fördern sollen.

Wegen ihrer geografischen Lage verdient die 1909 für die Arctic Coal Co. in Spitzbergen gebaute Luftseilbahn für die im Tagebau zu gewinnenden Kohlen Beachtung. Ihre Aufstellung war sehr schwierig, weil die Baustoffe, Lebensmittel usw. auf Schlitten über das Eis ans Ufer gebracht werden mussten und weil die Sonne den Boden nur etwa 20 cm tief auftaute und, sobald sie fort war, alles wieder festfror. Die Baulöcher sind daher sämtlich mit Dynamit ausgesprengt worden.

Wie auf der Usambarabahn werden namentlich in Ungarn, Serbien und Rumänien bis 3 t schwere und 18 m lange Stämme in schwierigem, kaum zugänglichem Gebirge befördert. Auch geschnittene und gehobelte Waren gelangen auf diese Weise ins Tal. Kaiser & Co. in Kassel haben für die Ungarisch-italienische Forstindustrie AG in zehn Teilstrecken in wildem

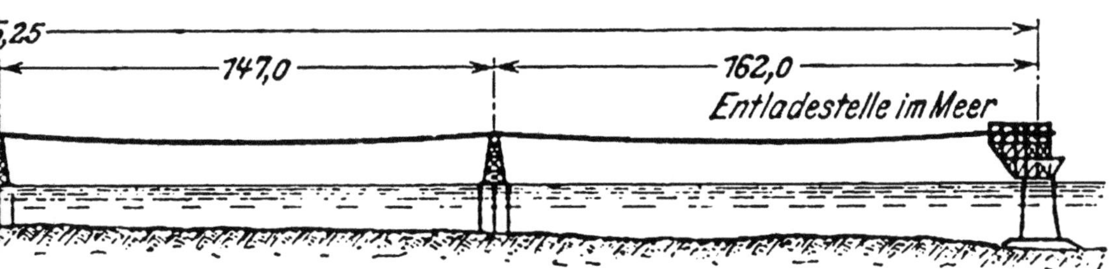

Hochgebirge eine insgesamt 26,3 km lange Luftseilbahn gebaut, mit der die Urwaldbestände der sächsischen Siebenrichter befördert werden. Die Leistung der Bahn beträgt rd. 1000 m³ in zehn Stunden. Für die Bäume dieser Waldungen genügen noch zweirädrige hintereinander geschaltete Laufwerke. Bei Stämmen von noch größerem Gewicht ist man in ähnlicher Weise wie bei sehr schweren Grubenwagen zu vierrädrigen Laufwerken übergegangen. Auf Schwerlastbahnen werden gegenwärtig Stammriesen bis zu 1½ m Durchmesser befördert.

Das neueste von J. Pohlig AG für die Savona-Bahn gebaute Vierräder-Laufwerk hat ein aus ⊓-Eisen statt wie bisher aus Flacheisen hergestelltes Gehänge. Vor der Inbetriebnahme der 17,5 km langen, über die Apenninen führenden Savona-Luftseilbahn, die bei 3 m/s Fahrgeschwindigkeit nach ihrem völligen Ausbau jährlich bis zu 2 500 000 t Kohlen befördern soll, konnte man auf 1 m Hafenkailänge nur 750 t löschen, während jetzt das rd. 40-fache bei nur 80 m Uferlänge geleistet wird. Als wesentliches Kennzeichen aller dieser neuzeitlichen Anlagen möchte ich allerdings hervorheben, dass ihre Leistungen nur durch vernünftige Zuhilfenahme von großräumigen Silos und umfangreichen, bis zu 300 000 t fassenden Freistapeln, gleichsam als Puffer oder Windkessel, jedenfalls als elastische Einschaltungen, sowie durch ausgiebigen Gebrauch von weitspannenden Bockkränen und Seilbahn-Verladebrücken möglich gemacht werden.

Mit der bodenständigen Eisenbahn war der hier gelösten Aufgabe nicht beizukommen. Ein Zeugnis für die hohe Wertschätzung der Luftseilbahnen seitens der Behörden ist die Absicht des italienischen Staates, diese Bahn in 15 Jahren in eigene Verwaltung zu übernehmen. Schon jetzt ist sie als ein dem öffentlichen Interesse dienendes Unternehmen anerkannt, und man hat ihr die Rechte einer Staatsbahn eingeräumt. Auch ein

Studienausschuss der holländischen Regierung hat kürzlich berichtet, dass *»bei sachkundiger Anlage und aufmerksamer Aufsicht Drahtseilschwebebahnen dieselbe Betriebssicherheit bieten wie Eisenbahnen«.*

Kaiser & Co. in Kassel und die Lauchhammer-Werke sind gegenwärtig beschäftigt, nach den Gesamtplänen von Kaiser & Co. eine der größten und leistungsfähigsten Schiffsentladeanlagen der Welt für die Handelskammer in Bordeaux aufzustellen. Es handelt sich im Wesentlichen um zwei je 200 t/h fördernde Luftseilbahnen mit sechs Anschlusshängebahnen und 48 Eisenbetonrümpfen. In und um Bordeaux haben sich verschiedene Gesellschaften gebildet, die Kohlen, chemische Rohstoffe und dgl. fast ausschließlich auf dem Wasserweg beziehen. Das mittels eines Greiferkrans aus den Seeschiffen gehobene Gut wurde vom Hafen nach den Fabriken bisher in unwirtschaftlicher Weise durch einige von Pferden oder Lokomotiven gezogene Eisenbahnwagen geschafft.

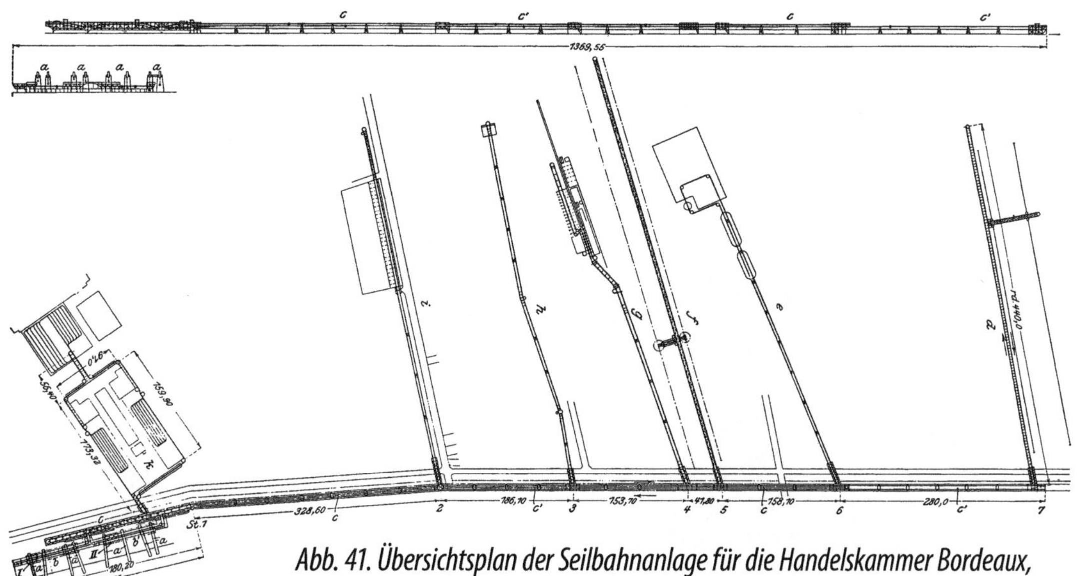

Abb. 41. Übersichtsplan der Seilbahnanlage für die Handelskammer Bordeaux, gebaut von Kaiser & Co. in Verbindung mit der Lauchhammer AG.

Bei der neuen Anlage wird das Gut zunächst von Kränen *a* *(Abb. 41)* in 48 in vier Reihen (Gruppen I und II) angeordnete Eisenbetonzellen gefüllt. Aus jeder dieser Gruppen, in denen zwei Reihen zu je zwölf Bunkern einander gegenüberstehen, wird durch eine unabhängige und selbsttätige Schienen-Hängebahn mit Zugseil *b (b')* der Rohstoff entnommen und der

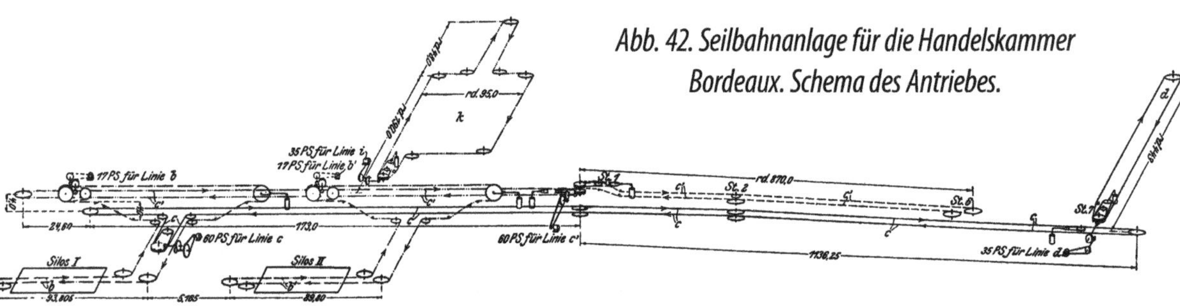

Abb. 42. Seilbahnanlage für die Handelskammer Bordeaux. Schema des Antriebes.

Hauptlinie *c (c')* der Luftseilbahn zugeführt, damit die Wagen alsdann nach den einzelnen Werkplätzen *d* bis *k* übergeleitet werden können. Die aus zwei übereinander angeordneten Seilbahnen bestehende Gesamthauptstrecke *c (c')* hinter den Silos schließt sich an die Hauptbrücke an. Die untere, den eigentlichen Anschluss an die Linie der Orleans-Gesellschaft (Lagerplatz bei *d*) bildende Bahn *c* befindet sich auf gleicher Höhe mit den Hängebahnen *b b'* unter den Füllrümpfen und ist ständig nur für diese Gesellschaft im Betrieb, während die obere, gleichfalls für 200 t/h bemessene Bahn *c'* die übrigen Anlieger in *e* bis *k*, und zwar nach einander, zu bedie-

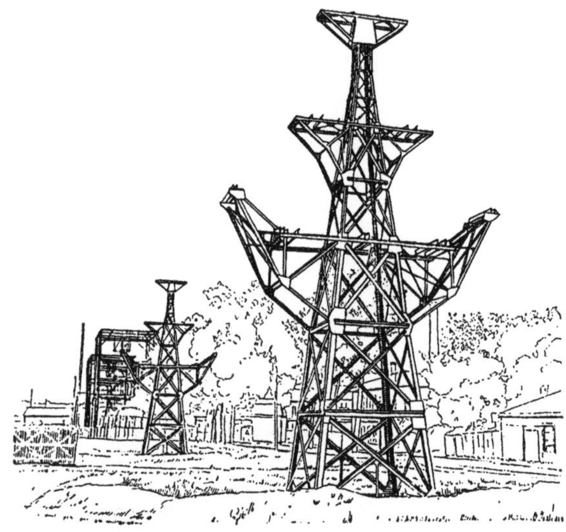

Abb. 43. Stützen für die Doppelseilbahn in Bordeaux.

nen hat. Zunächst sind nur die Linien *d* und *k* mit je 35 PS angeschlossen, die Hängebahnen *b (b')* verbrauchen je 17 PS, die Hauptlinien *c (c')* je 60 PS. In *Abb. 42* ist der Antrieb der gesamten Anlage dargestellt und in *Abb. 43* eine Ansicht der Stützen für die doppelte Seilbahn gegeben. Der Betriebs-Drehstrom wird aus dem städtischen Kraftwerk in Bordeaux entnommen.

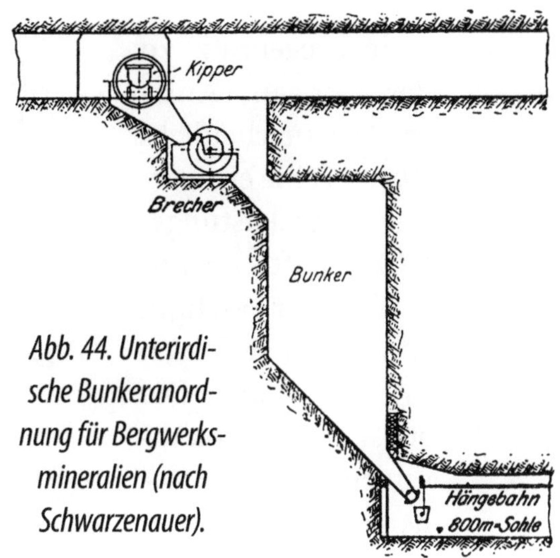

Abb. 44. Unterirdische Bunkeranordnung für Bergwerksmineralien (nach Schwarzenauer).

Die in *Abb. 44 u. 45* wiedergegebene, von A. W. Mackensen in Schöningen für die Kaliwerke Eilsleben (nach den Entwürfen von Schwarzenauer) erbaute Luftseilbahn weist insofern eine Neuerung auf, als die Wagen unmittelbar im Schacht auf der 800 m-Sohle aus großen Silos unter Tage beladen werden. *Abb. 45* zeigt das Gerüst des Schachtaufzuges und am Fuß zu ebener Erde, an das Schachtgebäude anschließend, die Übergangsstelle der Seilbahn. Diese ist für eine Förderung von 1000 t Salz und 500 t Rückständen in 7 Stunden bemessen.

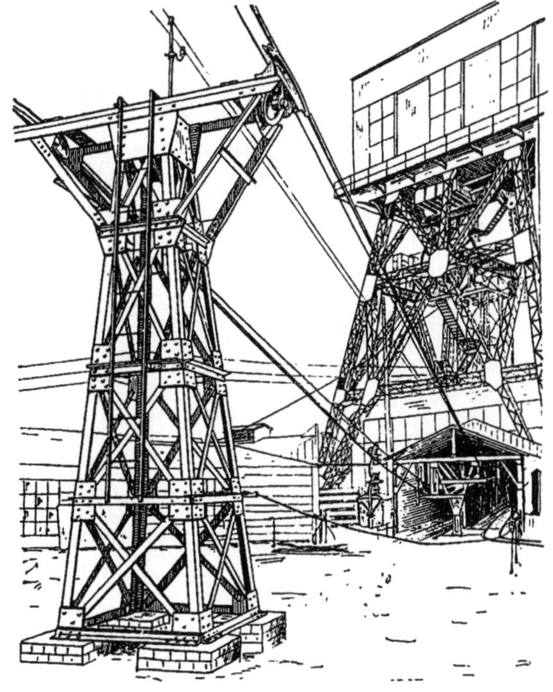

Abb. 45. Schachtaufzug und Übergangsstelle der Seilbahnwagen des Kalibergwerkes Eilsleben, gebaut von A. W. Mackensen.

Im Gegensatz zu der vorigen Anlage veranschaulicht *Abb. 46* eine eigenartige, sehr leistungsfähige Luftseilbahn-Bremsberganlage von **Carstens & Fabian** in Magdeburg. Die auf Hängebahnschienenwagen ruhenden Seilbahnwagen fahren zu einer

Abb. 46. Luftseilbahn-Bremsberg als Zubringer für eine Seilbahn, erbaut von Carstens & Fabian.

im Tal erbauten Seilschwebebahn für ein Württemberger Zementwerk. Neuerdings werden die Seilbahngehänge auch mit besonderen Bühnen zur Aufnahme von Grubenwagen und dgl. ausgestattet *(Abb. 47)*. Diese Bauart ist zuerst 1902 von **Ad. Bleichert & Co.** für eine Warschauer Gesellschaft und neuerdings für die Königliche Berginspektion zu Staßfurt mit bestem Erfolg ausgeführt worden. Das Aufschieben und Abziehen der Wagen ist einfach, schnell, bequem und sicher, so dass Leistungen bis zu 200 t/h erzielt worden sind.

Abb. 47. Bleichertsche Luftseilbahn zur Beförderung von Kalisalzen (Kgl. Berginspektion Staßfurt).

Aus *Abb. 47* geht auch die vorzügliche Kurveneinstellung der Vierkuppler hervor. Jeder Wagen dieser Anlage fasst etwa 1 t Salz, wozu noch das Eigengewicht des Grubenwagens und das des Seilbahnwagens mit Gehänge und Bühne kommen, so dass Einzellasten von rd. 2 t befördert werden müssen. Der anfahrende Seilbahnwagen, auf dessen Bühne sich ein Grubenwagen befindet, kuppelt sich selbsttätig vom Zugseil ab und rollt nach der Beladestelle hin. Nachdem er hier angehalten ist, kippt der Arbeiter die Bühne des Seilbahnwagens mittels einer Zugstange so weit, dass der Grubenwagen von selbst abläuft oder doch mit der Hand leicht in Bewegung gesetzt werden kann. Beim Anfahren des leeren Grubenwagens wird die Bühne selbsttätig ein wenig nach der anderen Seite gekippt, so dass der volle Wagen leicht aufgeschoben werden kann. Bei diesen Vorgängen ist auch das Stück der Hängebahnschiene schräg gestellt worden, so dass der Wagen nach Entfernung der Verriegelung von selbst abrollt und sich selbsttätig mit dem Zugseil kuppelt. Infolge des genauen Arbeitens der selbsttäti-

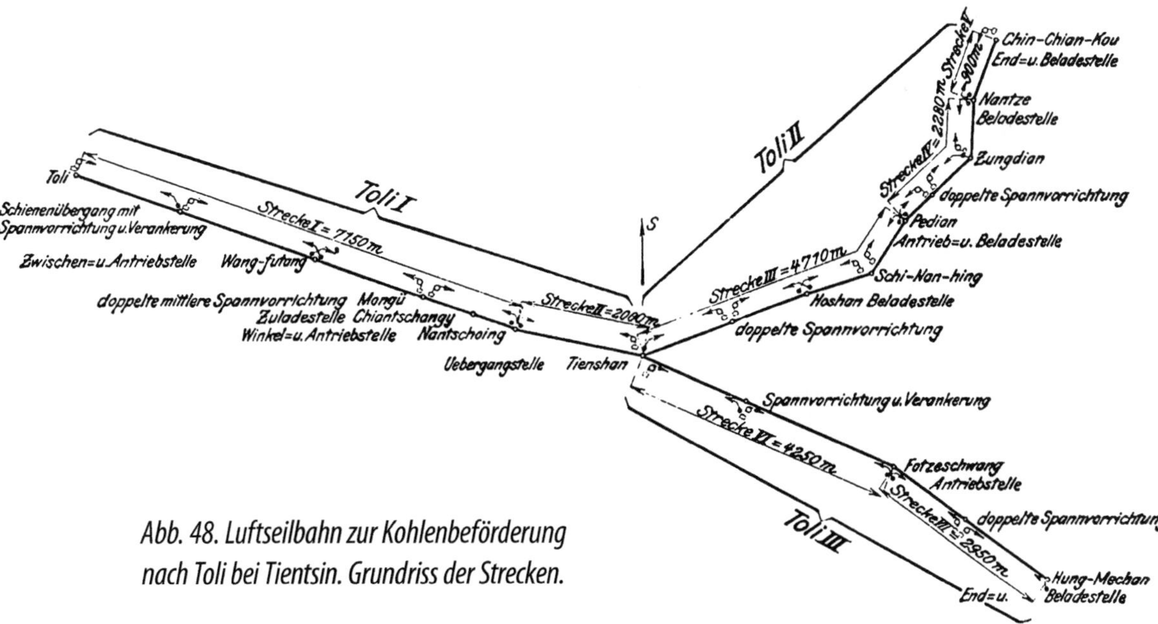

Abb. 48. Luftseilbahn zur Kohlenbeförderung nach Toli bei Tientsin. Grundriss der Strecken.

gen Einrichtungen erfordert die Drahtseilbahn trotz der nicht unbeträchtlichen Leistung sehr wenig Bedienung.

Abb. 48 u. 49 zeigen die im Juli 1911 fertiggestellte rd. 25 km lange Kohlenbahn bei Toli, einer etwa 50 km westlich von Peking gelegenen Eisenbahnhaltestelle. Von hier führt die mit Toli I bezeichnete Linie bis zur Übergangsstelle Tienschan, von wo aus sich die Bahn in die zu den Hauptbeladestellen führenden Linien Toli II und III gabelt. Die Strecke I fördert vorläufig 50 t/h Anthrazit. Früher wurden die Kohlen mittels endloser Reihen von Kamelen und Maultieren nach Peking befördert. Die doppelt angeordneten Flussübergänge bestehen aus Dämmen mit Reisigzwischenlagen, durch die das Wasser hindurchfließen kann.

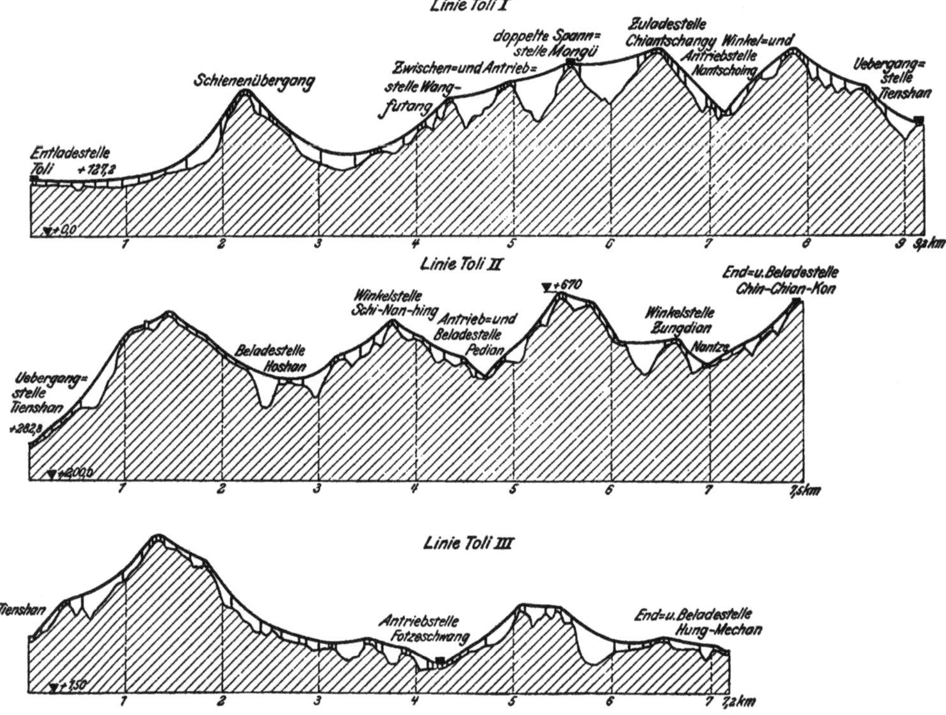

Abb. 49. Luftseilbahn zur Kohlenbeförderung nach Toli bei Tientsin. Gesamtlänge rd. 25 km (Bleichert). Höhenprofile.

Abb. 50. Gicht-Seilbahn für die Fentscher Hütten AG in Kneuttingen, erbaut von Bleichert.

Auch die Gicht-Seilbahnen *(Abb. 50)* die täglich bis zu 4000 t Eisenerz, Koks und Zuschläge ununterbrochen fördern müssen, bieten sehr bemerkenswerte Einzelheiten. Vor 70 Jahren kostete 1 t Roheisen etwa 160 Mark; heute kann man dafür fast die dreifache Menge kaufen. An diesem Fortschritt sind die mechanischen Fördereinrichtungen in nicht geringem Maße beteiligt.

Unter den zahlreichen Luftseilbahnen in England ist die der PowolDuffrynSteam Coal Co. infolge der Anordnung eines Unterseils für das Fahren durch Kurven bemerkenswert. Die etwa 100 Wagen in einer Stunde fördernde Bahn gehört zu den sogenannten Haldenbahnen. Die Bahn steigt auf einen Bergrücken. Durch einen auf dem Tragseil festgeklemmten Anschlag wird hier die Verriegelung der Wagen ausgelöst, so dass sie kippen und ihr Inhalt auf die Halde stürzt *(Abb. 51).*

Die Billigkeit der Beförderung beeinflusst die Wirtschaftlichkeit der Werke noch wesentlich mehr, wenn es sich, wie bei Abfällen, um Stoffe handelt, auf deren Verkauf nicht zu rechnen ist. Da der Grund und Boden meist ohnehin teuer ist, so bleibt in der Regel nur die Ausdehnung in die Höhe übrig, wobei sich wieder in den Haldenseilbahnen vorzügliche Hilfsmittel bieten.

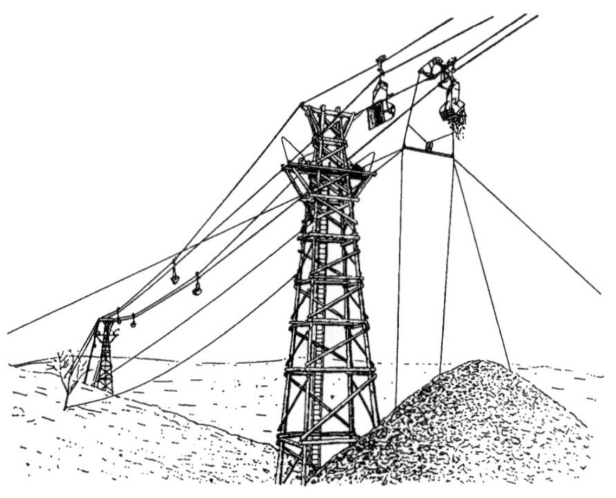

Abb. 51. Haldenbahn mit selbsttätiger Auslös- und Kippvorrichtung, gebaut von Bleichert.

Im Jahr 1910 hat Ernst Heckel für die Röchlingschen Werke in Völklingen eine Luftseilbahn für Schlacken, Hochofenschlamm und Gichtstaub gebaut, deren Haldenende in *Abb. 52* dargestellt ist. Die Haupthaldenstrecke führt nach einer End-

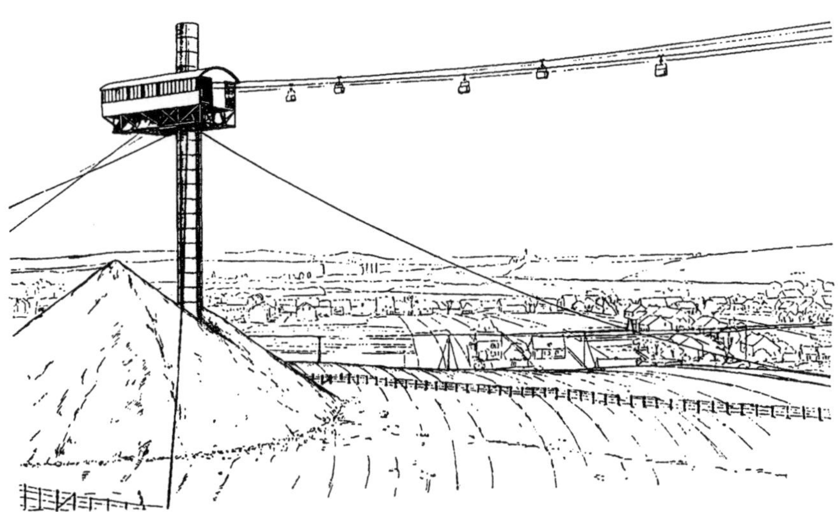

Abb. 52. Haldenbahn für die Röchlingschen Werke in Völklingen, gebaut von Ernst Heckel.

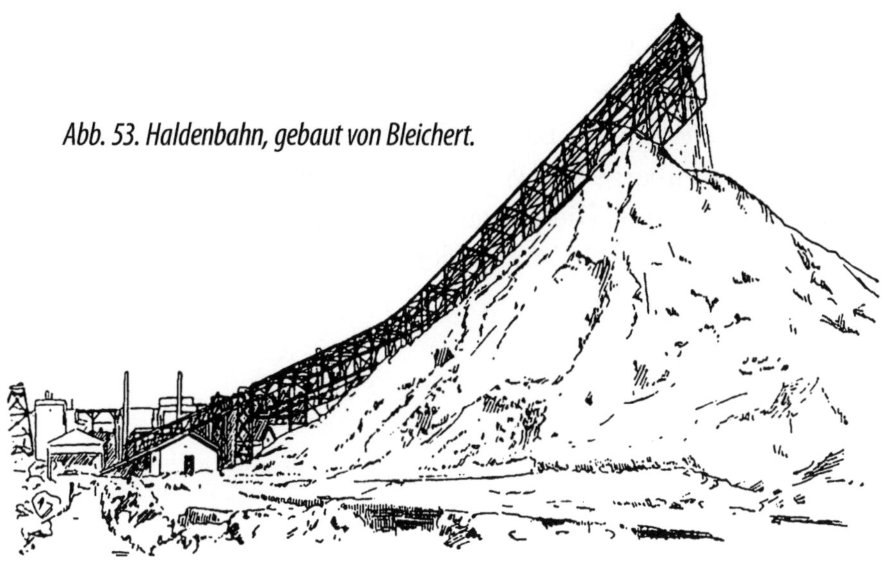

Abb. 53. Haldenbahn, gebaut von Bleichert.

stelle, deren Gebäude an einem 3 m dicken, mit Beton ausgestampften Mast emporgezogen werden kann. 1912 sollte der Turm, der zunächst nur 50 m hoch war, um weitere 60 m erhöht werden, jedoch hat man das Gehäuse nicht gleich 110 m, sondern nur 75 m hochgezogen, um die Hubarbeit der Wagen nicht unnötig groß zu machen. Die Bahn ist für eine Leistung von 180 t/h gebaut.

Die gleichen Zwecken dienende Bleichertsche Einrichtung *(Abb. 53)* besteht im Wesentlichen aus einer Brücke, die unter dem Böschungswinkel des Schüttstoffes ansteigt. Die Brücke wird aus einzelnen kürzeren Stücken hergestellt, so dass sie mit wachsender Halde ständig verlängert werden kann. Diese Schlackenhaldenbahnen sind u. a. für australische Bergwerke bis zu 125 m Höhe im Bau.

Zum Schluss seien noch einige statistische Zahlen, die von der gewaltigen Entwicklung der Luftseilbahnen zeugen, genannt. Die beiden großen deutschen Seilbahnfirmen Adolf Bleichert & Co. und J. Pohlig AG haben bereits jede mehr als

2000 Bahnen gebaut. Verteilen sich die ersten hundert Bleichertschen Bahnen über einen Zeitraum von sieben Jahren, so konnte die 200ste Bahn schon nach weiteren vier Jahren dem Betrieb übergeben werden. 1899 folgte die 1000ste, 1911 die 2000ste Bahn. Die Länge dieser Bahnen stieg von 66 km im Jahr 1880 auf 913 km an der Jahrhundertwende und auf 2000 km im Jahr 1910.

Oberingenieur G. Dieterich

Die Erschließung der nord-argentinischen Kordilleren

mittels einer Bleichertschen Drahtseilbahn für Güter und Personen

VEREIN DEUTSCHER INGENIEURE • 3.11.1906

Von den Ländern der südlichen Halbkugel berechtigt Argentinien zu den höchsten Erwartungen in Bezug auf seine wirtschaftliche Zukunft. Nicht allein, dass es am meisten Getreide, am meisten Vieh hervorbringt, auch auf dem Gebiete der Technik, der Industrie scheint es bestimmt zu sein, eine führende Rolle zu spielen.

Es ist wohl bekannt, dass in den weiten Gebirgsgegenden besonders des Nordens von Argentinien ungeheure Metallschätze lagern, Metallmassen, wie sie an keinem anderen Punkte der Welt beisammen sind; aber gehoben sind diese Schätze erst zu einem verschwindend kleinen Teil, vielleicht erst zu dem Bruchteil eines Prozents. Das ist ja auch nicht verwunderlich, wenn man sich die Schwierigkeiten vor Augen führt, welche die Entfernungen und die Arbeiterfrage in diesem Lande bereiten.

Die Republik Argentinien ist mit beinahe 3 000 000 km³ über fünfmal so groß wie Deutschland und hat demgegenüber kaum 6 Millionen Einwohner, also nur den zehnten Teil des Deutschen Reiches. Während das gesamte Eisenbahnnetz Argentiniens *(Abb. 54)* 16 – 17 000 km umfasst, hat Deutschland rd. 56 000 km Bahnlinien. Diese Zahlen lassen deutlich erkennen, welcher Entwicklung der südamerikanische Staat noch fähig ist.

Es sind namentlich wertvolle Erze, außer Eisenerzen Kupfer-, Silber- und Golderze, die in den nördlichen Gegenden Argentiniens, in den nach Chile hin abgrenzenden Kordilleren, mächtige Lager bilden, insbesondere Kupferlager, die schon von den Ureinwohnern Chiles ausgebeutet wurden, also seit Jahrtausenden bekannt sind, und die, obwohl aus ihnen schon ungeheure Mengen des wertvollen Erzes entnommen worden sind, kaum eine Spur von Abbau aufweisen.

Fast alle bisherigen Regierungen Argentiniens – und es sind deren nicht wenige – haben es eine ihrer Hauptsorgen seinlassen, die nördlichen Provinzen, namentlich die Provinz Rioja, wirtschaftlich zu erschließen und die am Gebirgsabhang liegenden Famatina-Gruben an das nach mancherlei Schwierigkeiten nach Chilecito fortgeführte Eisenbahnnetz anzuschließen. Aber lange kam man zu keinem greifbaren Ergebnis. Vor Chilecito, das ungefähr 1100 m hoch liegt, baut sich als unübersteigliche Mauer die ganze Kette der Anden auf, die sich stellenweise über 7000 m erheben. Jeder Versuch, dieses Gebirge, das mit zu den wildesten der Erde zählt, durch einen Schienenstrang mit der übrigen Welt in Verbindung zu bringen, scheidet von vornherein aus

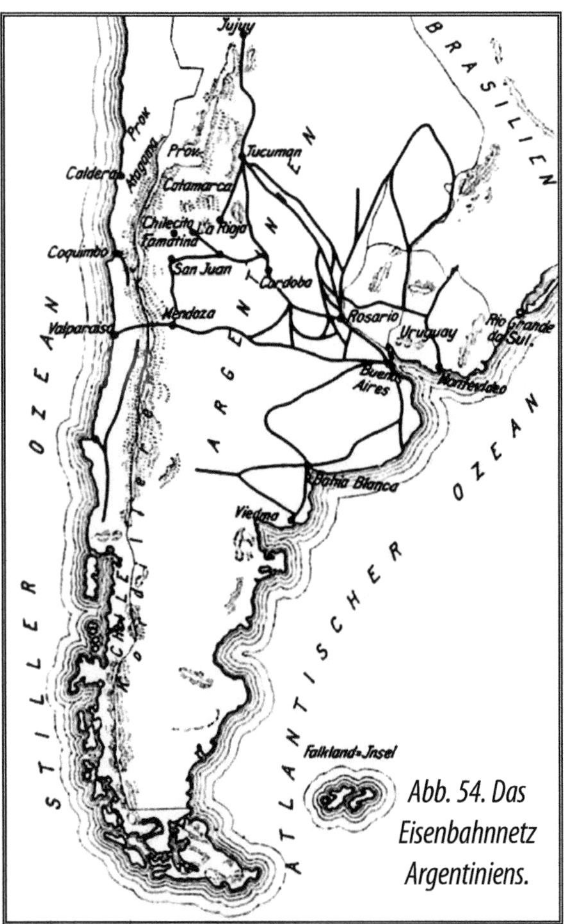

Abb. 54. Das Eisenbahnnetz Argentiniens.

wegen der gewaltigen Kosten, die ein solches Unternehmen fordert. Wäre es eines jener zahmen Gebirge, wie wir sie in Europa gewöhnt sind, mit langgestreckten Tälern oder fast regelmäßigen Höhenzügen, so hätten diese Bestrebungen der früheren Regierungen Argentiniens vielleicht zu einem Ziel geführt. So aber zeigt das Gebirge wilde, regellose Zerklüftung; riesige Erhebungen wechseln mit kurzen, kessel- oder schluchtartigen Tälern, die nach allen Seiten von fast senkrechten Wänden eingeschlossen sind; das Ganze bietet ein wüstes Bild von Unzugänglichkeit und Zerrissenheit. Man musste sich wohl oder übel davon überzeugen, dass für eine mit dem Boden verbundene Schieneneisenbahn, die verlangt, dass man ihr zuliebe die natürlichen Verhältnisse ändert, dass man gewissermaßen die Natur der Bahn anpasst, indem man ihr durch Tunnel und Brücken eine gleichmäßige Oberflächenform darbietet, hier kein Platz sei, dass das einzige Mittel nur darin gefunden werden könne, ohne Rücksicht auf die Gestaltung des Geländes mittels einer Schwebebahn über Schluchten und Höhen hinwegzugehen. Es konnte dies natürlich, der Entwicklung der Technik entsprechend, nur eine Drahtseilbahn sein, die ja in sich selbst Brücke und Damm, Fahrgleis und Tragkonstruktion und dadurch von der Bodengestaltung fast ganz unabhängig ist.

Die Eisenbahn nach Chilecito, dem westlichsten Punkt der argentinischen Bahn *(Abb. 54)* wurde erst im Jahr 1899 vollendet. Sie bildet eine unmittelbare Verbindung dieses Ortes mit Buenos Aires, das ja bekanntermaßen einen der besten Häfen der Welt besitzt, wie überhaupt die Küstengestaltung Argentiniens für große Hafenanlagen nicht günstiger sein kann. Liegt doch Rosario, bis zu welcher Stadt Schiffe von größtem Tiefgang hinauffahren können, etwa 500 km von der Küste entfernt, d. h. mit deutschen Verhältnissen verglichen, etwa wie Dresden zur Nordsee.

Das Famatina-Grubenfeld liegt am Abhang einer ausgedehnten Gebirgskette, die, mit dem Hauptzug der Kordilleren zusammenhängend, in der Provinz Catamarca (Argentinische Republik) ihren Anfang nimmt, sich durch das ganze Gebiet der Provinz Rioja erstreckt und nahe bei San Juan ausläuft; in ihrem letzten Teil führt sie den Namen Sierra de la Huerta. In diesem langgestreckten Gebirgszug wird zwar fast überall Erz angetroffen; aber bis jetzt ist nur ein großes Grubenfeld bekanntgeworden, das von besonders hohem Wert und der Ausbeutung außerordentlich fähig ist. Dieser Grubenbezirk liegt unter dem 29° südlicher Breite und zwischen dem 68° und 69° westlicher Länge.

Nahe dem Fuß der Berge liegen zwei kleine Städte: Famatina und Chilecito; die letztere ist, wie oben erwähnt, mit Buenos Aires durch eine Eisenbahn verbunden, auf der zweimal wöchentlich Personenzüge verkehren. Die ganze nicht ganz 40 Stunden dauernde Reise führt ununterbrochen durch flaches Gelände, das gegen Chilecito zu ansteigt.

Das Gebirge war ursprünglich Schiefer in verschiedenen Abarten (Tonschiefer und Kieseltonschiefer); die ursprüngliche archaische Formation ist später von Eruptionsgestein (Granit, Porphyr, Andesit, Dazit) emporgehoben worden, und letzteres hat den Schiefer an verschiedenen Stellen der Bergabhänge durchbrochen, wo es sich in gewaltigen Massen zu verschiedenen Gipfeln von recht beträchtlicher Höhe erhebt. In der Berührungszone mit dem Eruptivgestein hat der Schiefer eine Wandlung erlitten; der Einfluss von Hitze und nachfolgender Abkühlung hat darin Spalten erzeugt, die in folgenden Zeiträumen mit Gangmaterial gefüllt wurden. Dieses ist durchweg erheblich mineralisiert, und reiche Ablagerungen von Gold, Silber und Kupfer sind darin über eine weite Oberfläche nachgewiesen worden. Bergbau wurde in diesem Fundbezirk lange betrieben, bevor die Spanier nach Südamerika kamen, wahrscheinlich unter der Inka-Herrschaft. Nach der Eroberung des Inka-Reiches durch die Spanier gerieten die Indianer der westlichen Kordilleren schließlich unter den Einfluss der Jesuiten, die sie zu einem recht ausgedehnt betriebenen Bergbau anleiteten. Aber aller Betrieb hörte zur Zeit des Unabhängigkeitskrieges auf, und auch nach der Begründung Argentiniens als Republik wurde der Bergbau für eine recht beträchtliche Zeit gänzlich vernachlässigt.

Später entwickelte sich der Bergbau allmählich wieder so weit, dass für viele aufeinander folgende Jahre bis heute jährlich 4000 t guten Erzes von Maultieren aus den verschiedenen Minen der Famatina-Berge nach den kleinen Schmelzwerken, die sich im Tal nahe bei Famatina oder Chilecito befanden, heruntergebracht wurden. In der ersten Zeit brach man bloß die oxidierten Teile der Gänge, da man es ausschließlich auf Silber und Gold abgesehen hatte, wie solches überhaupt der Zweck allen Bergbaues vor dem Unabhängigkeitskrieg gewesen war. Doch wurden recht bald ausgedehnte Körper von Schwefelerz unterhalb der oxidierten Zone gefunden und endlich ein gewinnreiches Verfahren entdeckt und ausgebildet, diese Sulfide in Matte zu schmelzen, die auf dem Rücken der Maultiere über das Gebirge nach den Häfen Chiles und von da nach Europa gebracht werden konnte. Noch später wurde Chilecito mit Buenos Aires durch die oben bereits erwähnte Bahn verbunden, und von dieser Zeit an kam alle Matte nach Buenos Aires, um von da nach Europa befördert zu werden.

Es wurden nur die Oxiderze an der Oberfläche abgebaut, und eine große Anzahl verschiedener alter Betriebe, meistens von nur kleiner Ausdehnung, kann man noch heute sehen. Diese alten Werke beweisen aber, dass Mineralien überall entlang der Berührungszone des hohen Massives der Granitberge und der archaischen Schieferformation vorkommen. In einiger Entfernung von den zentralen Granitbergen verschwinden allmählich die Ausläufer der Gänge, wobei sie zugleich ärmer werden. Man kann die erzführende Gegend zu ungefähr 400 km² annehmen.

So weit heute bekannt ist, enthalten die Bezirke in oder nahe bei der Berührungszone Gold, Silber und Kupfer, die von dieser Zone weiter entfernten Bezirke Silber und Kupfer, während die Randbezirke hauptsächlich Silber und nur wenig Kupfer und Gold aufweisen. Auch andere Mineralien, wie Zinkblende oder Bleiglanz, kommen an vielen Stellen der Famatina-Berge vor; aber diese Mineralien sind bisher für den Bergbau noch nicht in Betracht gekommen. Von den vielen Silbergruben in den Grenzbezirken, besonders in Caldera und Cerro negro,

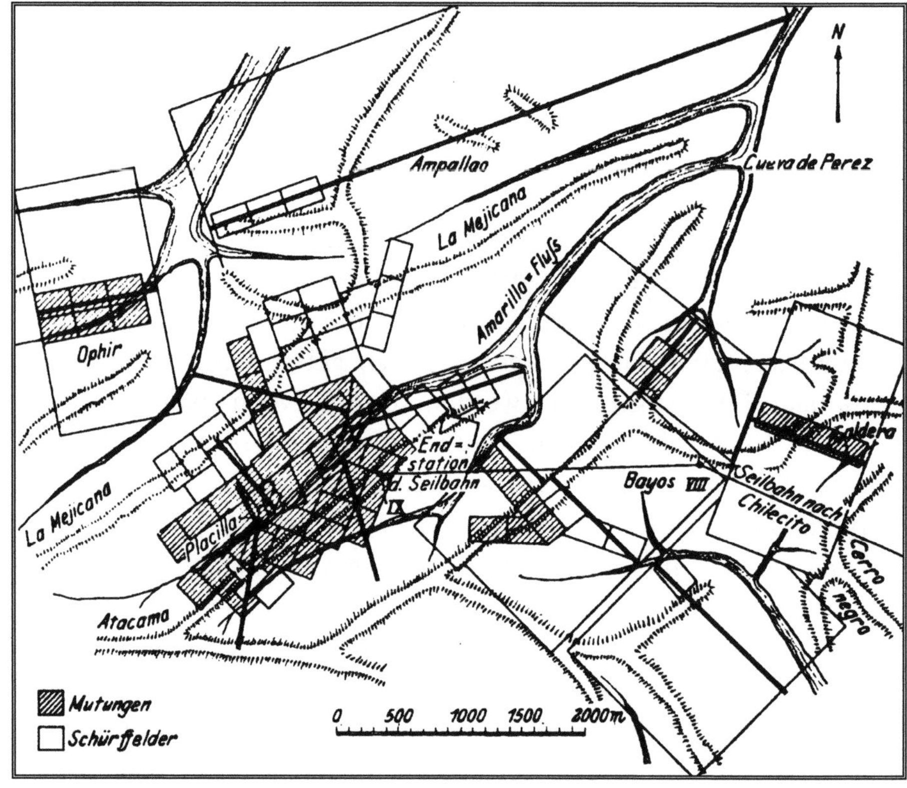

Abb. 55. Grubenfelder im Famatina-Bezirk.

werden gegenwärtig nur wenige betrieben, und auch diese nur, um reiche Nester zu finden, von denen manche Erz mit 2½ – 3 % Silber liefern. Die mittleren Bezirke werden mehr abgebaut; aber die bestbekannten und bei weitem meist abgebauten Gruben sind die der Berührungszone. Hier erhebt sich der La Mejicana genannte Bergrücken, der die berühmtesten Gruben des ganzen Famatina-Bezirks enthält *(s. Abb. 55)*.

Die Mejieana lehnt sich an die, ungeheuren Granitwälle des Nevado Oseuro an und läuft auf eine Länge von ungefähr 6,5 km in nordöstlicher Richtung. Nahezu parallel mit dem Mejieana-Rücken zieht sich ein anderer Ausläufer, genannt Atacama. Zwischen diesen beiden Rücken erstreckt sich ein etwa 6,5 km langes Tal, das seinen Ausgang nahe Cueva de Perez in einer Höhe von 4100 m über dem Meeresspiegel nimmt und bei der Mutung Placilla eine Höhe von 4650 m erreicht; der Grat der Mejicana-Berge ist etwa 400 m höher als die Talsohle.

Nahe dem oberen Ende dieses Tales wurden vor langer Zeit einige reiche Gänge von Einwanderern entdeckt, die aus Mexiko gebürtig waren und deren Heimatland dem Bezirk seinen Namen gegeben hat. Nach den Entdeckern haben viele andere dieselben Gänge abgebaut, und bis auf den heutigen Tag ist keiner dieser Gänge verarmt oder hat sonst versagt. Die ursprünglichen Gruben waren La Mejicana Vieja (gegenwärtig Placilla genannt), Andueza, Verdiona, Upulungos, Mellizas und Compania, wozu später die Grube San Pedro de Aleantara kam. Eine große Zahl neuerer Gruben ist später hinzugekommen; doch ist in keiner von ihnen in großem Maßstab gearbeitet worden.

Die von Buenos Aires nach Rosario gehende Eisenbahn setzt sich bis nach Cordoba fort. Sie hat russische Spurweite, im Übrigen aber europäische und amerikanische Einrichtungen, und ihre Schlaf- und Speisewagen sind mit großem

Luxus ausgestattet. Die Züge fahren verhältnismäßig schnell. Von Cordoba beginnt die nordargentinische Bahn mit 1 m Spurweite, die in Tueuman und Jujuy endet, während eine besondere Zweigbahn nach Chilecito führt.

Chilecito hat etwa 30 000 Einwohner. In unmittelbarer Nähe der Stadt beginnen erst mit geringer, dann aber plötzlich zunehmender, gewaltiger Steigung die Kordilleren, auf deren Höhen sich die alten Famatina-Gruben befinden. Diese Gruben liegen in der Luftlinie nur etwa 35 km von Chilecito entfernt, allerdings etwa 3600 – 4000 m höher als dieser Ort, rd. 4700 – 5000 m über Meereshöhe. Als Vergleich sei angeführt, dass der Gipfel des Mont Blanc auf 4800 m ansteigt.

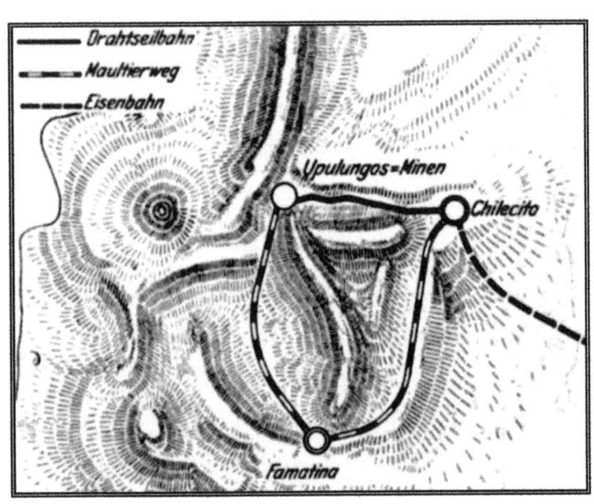

Abb. 56.

Diese schon seit Jahrtausenden bekannten Erzfundstätten wurden zwar bis in die neueste Zeit ausgebeutet, natürlich aber auf die einfachste Art und Weise.

Der von ihnen durch die verschiedenen Schluchten und. Täler bis nach Chilecito führende Weg ist mindestens 120 – 150 km lang (Abb. 56). Doch auch diese Strecke konnte nicht auf ihrer ganzen Länge von den dort üblichen Beförderungsmitteln, den Maultieren, benutzt werden; auf den weitesten Umwegen mussten vielmehr die in Säcken verpackten Erzmassen den höchsten Maultierstationen durch Träger zugeführt werden. Hierzu kam noch, dass die ganzen Straßenanlagen überhaupt höchstens sechs Monate im Jahr benutzt werden konnten, da in jenen Höhen lang andauernde Winterstürme mit manchmal riesigen Schneetreiben einsetzen, die jede Verbindung unterbrechen. Wehe dem

Bergmann, der sich beim plötzlichen Einsetzen des Winters nicht rechtzeitig in Sicherheit gebracht hat; der erste Schnee schneidet ihn vollständig von der Welt ab. Die eisigen Höhen des Nevado bilden eine vollständig pflanzen- und wasserlose Wüste, die jedes Leben ohne Verbindung mit der Außenwelt unmöglich macht. Die längs der alten Maultierstraße und in den Schluchten des Gebirges bleichenden Gebeine reden eine deutliche Sprache.

Nicht zu verwundern ist es deshalb, dass sich die Beförderung jeder Tonne Erz von den Bergen nach Chilecito auf etwa 54 Mark stellte. Die eigentümlichen Finanzverhältnisse, unter denen Argentinien seit langer Zeit zu leiden hatte, brachten es mit sich, dass diese Beförderungskosten, statt sich zu vermindern, immer noch Neigung zum Wachsen hatten, so dass die Nutzungsberechtigten nahe daran waren, die Förderung überhaupt aufzugeben.

Unter diesen Umständen ist es weiter nicht verwunderlich, dass das sogenannte Abbauen der Erze in diesen Gebirgen ein Raubbau aller schlimmster Art war. Die zutage liegenden Erze, die sich in breiten Bändern von mehreren Metern Mächtigkeit in gewaltigen Massen am Ostabhang des Nevado befanden und durchschnittlich einen Kupfergehalt von 38 % aufwiesen, wurden einfach derart gewonnen, dass wahl- und regellos, je nach der Zugänglichkeit, Löcher in den Berg getrieben wurden, so lange, bis das Gebirge anfing, etwas zu drücken. Da es unmöglich war, irgendwelches Bau- und Zimmermaterial auf den Berg hinaufzuschaffen, musste man auch auf den Ausbau der Gänge verzichten. Man ließ sie nach einiger Zeit zu Bruch gehen und fing an einer anderen Stelle von neuem an. Die gewonnenen Erze wurden einer flüchtigen Besichtigung unterzogen, die reichsten Stücke ausgeklaubt, in Häute gefüllt und zu Tal gefördert. Alle anderen Erzstücke von 20, 25, ja bis zu 30 % Gehalt wurden einfach auf die

Halde gestürzt. Diese Halden von vielen Hunderttausend Kubikmetern Inhalt sind in riesigen Ausdehnungen über den ganzen Ostabhang des Gebirges zerstreut. Infolge der Witterungseinflüsse sind die Erze auf den Halden chemischen Veränderungen ausgesetzt gewesen, so dass sie weit ausgedehnte, leuchtend blaue Flächen bilden, ein wunderbares Bild im Gegensatz zu den stumpfgrauen Felsen und den blendend weißen Eisbergen dieses Hochgebirges, über das sich ein fast tiefschwarzer Himmel spannt.

Schon während des Baues der letzten Eisenbahnstrecke nach Chilecito hatte man die Möglichkeit studiert, mittels einer Schwebebahn bis in das Herz der Gruben vorzudringen. Der Kongress erteilte unter anderem eine Konzession für die Vorarbeiten zu einer Schienenbahn, Bauart Lartigues, die sich aber auch nicht als ausführbar erwies.

Die einzige Möglichkeit erschien nach jahrelangem Studium die Errichtung einer Drahtseilbahn. Nachdem die Eisenbahn nach Chilecito endlich in Betrieb gesetzt worden war, übernahm eine englische Gesellschaft die Ausbeutung der Famatina-Gruben von der Regierung unter der Bedingung, dass sich der Staat Argentinien dazu verstehen würde, eine Verbindung zwischen der Eisenbahnstation Chilecito und dem Grubenbezirk zu schaffen, und nunmehr kam die Frage ins Rollen.

Die Regierung setzte sich unter Beihilfe der Ingenieure der Famatina-Gruben mit den bedeutendsten Bahnbaugesellschaften, amerikanischen wie deutschen, in Verbindung; aber von fast allen wurde der Bau einer Bahn für unmöglich erklärt. Selbst die Vereinigten Staaten erwiesen sich in diesem Fall nicht als das Land der unbegrenzten Möglichkeiten; die amerikanischen Firmen lehnten vielmehr mit Rücksicht auf die Gefährlichkeit und das Wagnis eines solchen Baues ab, Angebote zu machen. Die deutschen Firmen traten dagegen mit großem Wagemut an die Aufgabe heran. Nach sehr eingehendem Studium der Verhältnisse und der daraus entsprungenen Vorschläge, und nachdem die Regierung der Republik Argentinien die von den deutschen Firmen schon früher gebauten Anlagen besichtigt und einer genauen Prüfung unterzogen hatte, wurde der Bau der Firma **Adolf Bleichert & Co.** in Leipzig-Gohlis übertragen. Die Vorarbeiten, Vorschläge und Entwürfe, die von den beteiligten Firmen gemacht worden waren, hatte der Ausschuss der argentinischen Regierung derart gründlich geprüft, dass Gewissheit darüber bestand, es sei tatsächlich die vollkommenste, am meisten Sicherheit bietende Lösung gewählt worden.

Die Wahl des Systems war für die zu erbauende Bahn von allergrößter Bedeutung. Jedenfalls konnte es sich nur um eine Zweiseilbahn handeln, d. h. um eine Drahtseilbahn mit festen Tragseilen, an denen mittels kleiner Laufwerke die Wagen hängen, welche durch ein ständig bewegtes Zugseil fortbewegt werden. Dabei konnte überhaupt nur zu der von Adolf Bleichert & Co. in die Industrie eingeführten, sogenannten deutschen Bauart gegriffen werden. Aber auch hier war es notwendig, bei der Wahl der Einzelkonstruktionen die größte Sorgfalt walten zu lassen. Es handelte sich darum, eine Bahn zu bauen, wie sie in ähnlicher Länge noch nicht bestand, und gleichzeitig Steigungen zu überwinden, wie sie auch annähernd noch nicht ausgeführt waren. Die Entfernung zwischen der Station Chilecito und der Endstation bei den Famatina-Gruben beträgt waagerecht gemessen 34,67 km, der Höhenunterschied zwischen beiden Stationen 3510 m. Die stündliche Leistung war auf 40 t abwärts und 20 t aufwärts zu bemessen.

Demgegenüber geht die längste bis jetzt überhaupt gebaute Drahtseilbahn über eine Strecke von etwa 30 km bei verhältnismäßig geringer Steigung und bei einer Leistung von nur 5 t/h, so dass eigentliche Vergleichswerte gar nicht vorhanden waren.

Abgesehen von der gewaltigen Steigung, die zu überwinden war, und von den sonstigen Schwierigkeiten des Geländes durfte man nicht vergessen, dass die Bahn auf ihre ganze Länge in einer vollkommen unzugänglichen Gegend liegt, dass also Reparaturen von vornherein so viel wie möglich ausgeschlossen werden mussten. Die große Leistung der Bahn, die zudem in beiden Richtungen mit Last befahren werden muss, und der Umstand, dass die Erze ein hohes Schüttgewicht haben, so dass nur verhältnismäßig kleine Wagen gewählt werden konnten, zwangen dazu, eine ziemlich hohe Fahrgeschwindigkeit zu wählen, um nicht eine allzu große Wagenzahl und eine allzu dichte Wagenfolge zu bekommen. Die Geschwindigkeit beträgt 2,5 m/s. Eine Wagenladung wiegt 500 kg, und die Wagen folgen einander in Entfernungen von 112 m und Zeitabständen von 45 Sekunden.

Mit Rücksicht auf die Spannung der Tragseile, die bekanntermaßen in der Weise erzeugt wird, dass die Seile an einem Ende verankert und am anderen durch schwere Betonklötze belastet werden, wobei sie auf den sogenannten Tragschuhen der Stützen frei aufliegen, war es notwendig, die Bahn in eine Reihe von einzelnen Strecken, und zwar in acht, einzuteilen, so dass die Wagen sieben Zwischenstationen zu durchlaufen haben, in denen sie vom Zugseil der einen Strecke ab- und an das der anderen wieder anzukuppeln sind. Bedenkt man dabei, dass die klimatischen Verhältnisse auf der ganzen Linie die denkbar ungünstigsten sind – auf der obersten Strecke steigt das Thermometer nicht über null, während in der Nähe von Chilecito bereits Tropenklima herrscht, und dabei kommen Stürme, Regengüsse und Schneetreiben vor, wie sie mit ähnlicher Heftigkeit kaum an irgend einem anderen Punkte der Welt auftreten –, so liegt es auf der Hand, dass der Ausgestaltung der Verkupplung zwischen Wagen und Zugseil die größte Sorgfalt zu widmen war.

Vor allen Dingen muss die Kupplung der Wagen an das mit stets gleicher Geschwindigkeit laufende Zugseil vollkommen stoßfrei erfolgen. Ferner darf auch auf den steilsten Strecken, die Steigungen bis zu 45° aufweisen, und bei den größten Spannweiten, auch wenn die Seile dick mit Eis bedeckt sind, die Kupplung auf dem Seile nicht rutschen können, da das Durchgehen eines einzigen Wagens die ganze Bahn von oben bis unten außer Betrieb setzen würde. Es musste ferner dafür gesorgt sein, dass sich die Überführung der Wagen von einer Station auf die andere mit größter Regelmäßigkeit vollzieht. Die unvermeidlichen kleinen Reparaturen oder Regulierungen müssen in kürzester Zeit ohne Unterbrechung auszuführen sein. Endlich darf ein etwa entgleisender Wagen nicht am Zugseil hängenbleiben oder sich schwer lösen lassen, sondern er muss so rasch wie möglich vom Seil loskommen.

Eine weitere Hauptbedingung, welche die Kupplung erfüllen muss, ist die, dass sie Zugseile von verschiedenen Durchmessern mit der gleichen Sicherheit festhält; denn da sieben verschiedene Strecken vorhanden sind, also auch sieben verschiedene Zugseile, ist es praktisch undurchführbar, alle Seile stets auf genau gleichem Durchmesser zu halten. Ein Seil längt sich mehr als das andere, eines wird früher ausgewechselt als das andere, wodurch Ungleichheiten bedingt sind; denn hat z. B. ein Seil zunächst 25 mm Ø, so verringert sich dieser schon nach kurzer Betriebszeit auf 18 mm oder 17 mm.

Von den beiden Möglichkeiten, entweder Kupplungen mit zwangsläufiger mechanischer Zustellung oder solche mit kraftschlüssiger Schließwirkung, die durch das Eigengewicht des Wagens betätigt wird, zu verwenden, entschied sich die argentinische Regierung nach Vornahme eingehender Versuche für die letztere und wählte dementsprechend die Bleichertsche selbsttätige Einrichtung, wobei das Wagengewicht mit Hilfe eines im Laufwerk verschiebbaren Gleitstückes auf einen senkrecht zur Seilrichtung schwingenden Doppelhebel wirkt, dessen einer Arm als Klemmbacke ausgebildet ist, die das Zugseil gegen eine feste Backe des Laufwerkes presst. Da bei dieser Konstruktion eine sehr große Übersetzung möglich ist, das Wagengewicht also mit einem Vielfachen seiner Größe als Klemmkraft auf das Seil wirkt, und da ferner der Wagen mit Ladung über 700 kg wiegt, so dass das Seil auch unter den ungünstigsten Verhältnissen beim Fahren beladener Wagen mit einer Kraft von mehreren Tausend Kilogramm angepresst wird, so durfte man hoffen, mit dieser Kupplung auch die schwierigsten Bedingungen erfüllen zu können.

Ein besonderer Vorteil der Kupplung wurde ferner auch darin erblickt, dass sich das Öffnen und Schließen der Klemme nicht stoßweise, wie bei den Einrichtungen mit Schraubenklemme, sondern allmählich vollzieht, und dass es von der größeren oder geringeren Geschicklichkeit des Stationsarbeiters vollständig unabhängig ist. Auch die heftigen Erschütterungen, denen die Wagen auf der Strecke bei starken Stürmen ausgesetzt sind, bleiben ohne Einfluss auf die stetige, durch Gewichtsbelastung erzeugte Klemmkraft, was naturgemäß bei zwangsläufig geschlossenen Kupplungen nicht der Fall ist, bei denen immer die Möglichkeit bleibt, dass sich die Klemme infolge der Erschütterungen lockert.

Schließlich kam noch der Umstand hinzu, dass bei der Bleichertschen Automatkupplung die Klemme vollkommen unabhängig vom Wagen selbst mit dem Laufwerk fest verbunden ist, auch dann, wenn, wie es hier mit Rücksicht auf die starken Steigungen notwendig war, das Zugseil senkrecht unter dem Tragseil liegt, was bei anderen Kupplungen nicht ausführbar ist. Infolgedessen bleiben die Wagen auch bei den stärksten Steigungen (1:1) stets in senkrechter Lage und werden von der größeren oder geringeren Rückwirkung des Zugseils, die bei dem schwierigen Profil und den scharfen Bergübergängen ganz besonders berücksichtigt werden musste, keineswegs betroffen. Die gesamte Angriffskraft des Zugseiles überträgt sich vielmehr, ohne den Wagen zu berühren, mit Hilfe des unabhängigen Laufwerkes auf das Tragseil.

Wie bereits erwähnt, soll die Bahn im Wesentlichen dazu dienen, die in den Minen gewonnenen Kupfer- und Silbererze talwärts zur Eisenbahnstation Chilecito zu befördern. Da aber das Gebirge in seinem oberen Teil vollständig vegetations- und wasserlos ist und für den Lebensunterhalt der dort beschäftigten Arbeiter, der Mineros, auch nicht das geringste bietet, war es notwendig, auf dem Leerseil alle Bedürfnisse für den Lebensunterhalt der Arbeiter und für den Abbau der Gruben: Lebensmittel, Wasser, Brennstoffe, Bauhölzer usw. emporzuschaffen. Schließlich entschloss man sich auch noch dazu, in beschränktem Umfang die Personenbeförderung in besonderen Wagen aufzunehmen, um einen leichteren Austausch der auf den verschiedenen Stationen beschäftigten Streckenwärter zu gestatten und ihnen die sehr weiten Umwege beim Nachsehen der Bahn zu ersparen. Es ist dies der erste Fall, dass eine Drahtseilbahn für einen derartigen vielseitigen Transport eingerichtet und gebraucht worden ist. Auch ist es bemerkenswert, dass sich die argentinische Postverwaltung dieses Beförderungsmittels bedient, um ihre Sendungen nach der Endstation, den Famatina-Minen, wie auch nach den Zwischenstationen zu befördern, und zwar nicht nur Briefe, sondern auch Postgüter. Ebenso werden auch die mit der Eisenbahn in Chilecito ankommenden Ersatzteile für Maschinen und überhaupt die in den Gruben gebrauchten mechanischen Einrichtungen auf demselben Weg befördert.

Die folgende Zahlentafel enthält nähere Angaben über die Längen und Steigungen der bereits erwähnten acht Teilstrecken, in welche die Bahn zerfällt.

Station	Höhe über N.~N. m	Höhenunterschied m	Einzellänge km	Gesamtlänge km	Steigung %
Chilecito	1075,60				
Kilometer 9	1539,43	463,83	8,958	8,958	5,178
Parro	1974,48	435,05	8,486	17,444	5,126
Rodea Vacas	2539,66	565,18	3,054	20,498	18,508
Cueva Romero	2689,42	149,76	3,095	23,593	4,839
Cielito	3244,03	554,61	1,946	25,539	28,494
Cueva de Iltanes	3910,91	666,88	2,267	27,806	29,406
Bayos	4371,44	460,53	3,072	30,878	14,989
Upulungos	4603,58	232,14	3,450	34,328	6,727
gesamter Höhenunterschied		3527,98			
Gesamtlänge				34,328	
durchschnittliche Steigung					10,277

Da die Menge der zu Tal gehenden Erzmassen größer ist als die der bergauf zu schaffenden Güter, so werden die Fahrzeuge, einmal in Betrieb gesetzt, von selbst in Bewegung gehalten. Es würde sogar noch eine bedeutende Menge Kraft abgegeben werden können, wenn es möglich wäre, alle Strecken so miteinander zu verbinden, dass eine auf die andere einwirkt. Aber die unteren Teilstrecken mit verhältnismäßig geringem Gefälle erzielen auch nur einen geringeren Kraftüberschuss, der nicht mehr genügt, sie in sicherem Betrieb zu erhalten, so dass sich hier die Einschaltung von Betriebsmaschinen als notwendig erwiesen hat.

Nach der in *HÜTTE* mitgeteilten Formel für die Betriebsleistung berechnen sich die Betriebskraft und die Kraftüberschüsse der einzelnen Teilstrecken wie folgt:

Theoretischer Kraftüberschuss ohne Reibungsverluste
bei 40 t Stundenleistung abwärts:

Strecke I	rd. 37 PS	Strecke V	rd. 82 PS
Strecke II	rd. 33 PS	Strecke VI	rd. 88 PS
Strecke III	rd. 71 PS	Strecke VII	rd. 59 PS
Strecke IV	rd. 11 PS	Strecke VIII	rd. 24 PS

Die abzuziehende Reibungsarbeit und der Kraftbedarf für die aufwärts zu schaffenden Güter bis zu 20 t stündlich verzehren je nach der Strecke 25 – 120 %, so dass an Stelle des Kraftüberschusses an einzelnen Stationen Kraftbedarf eintritt.

Nachdem man anfänglich beabsichtigt hatte, die Betriebsmaschinen auf den oberen Stationen, wo sich ganz bedeutende Kraftüberschüsse ergaben, ganz fortfallen zu lassen, entschloss man sich schließlich im Interesse eines völlig sicheren Betriebes und namentlich auch, um einen Geschwindigkeitsregler zu haben, der jedes Durchgehen unmöglich macht, auf jeder Station eine Betriebsmaschine aufzustellen, die in ständiger Verbindung mit dem Zugseil bleibt. Die ziemlich erhebliche Reibungsarbeit des Zugseils beim Inbetriebsetzen der Bahn macht es ohnehin wünschenswert, eine besondere Kraft zu haben, die auch die Strecke bei leeren Wagen oder bei alleiniger Aufwärtsbeförderung in Betrieb zu halten erlaubt. Es ist jedoch nicht auf jeder Station eine Antriebsmaschine untergebracht, sondern die Anordnung getroffen, dass verschiedene Maschinen mittels Doppelantriebes von einer Station aus die obere und auch die untere Strecke in Gang halten.

Die Linie *(Abb. 57)* beginnt in der Nähe des Bahnhofs Chilecito, wo sich die Kupferschmelzhütten befinden, bei der Entladestation: Station I des Profils *(s. Abb. 59)*. Die Entladestation
besteht aus großen Rümpfen und einem darüber liegenden
einfachen Schleifengleis, auf das die herunterkommenden
Seilbahnwagen auffahren, um in die Rümpfe entleert zu wer-

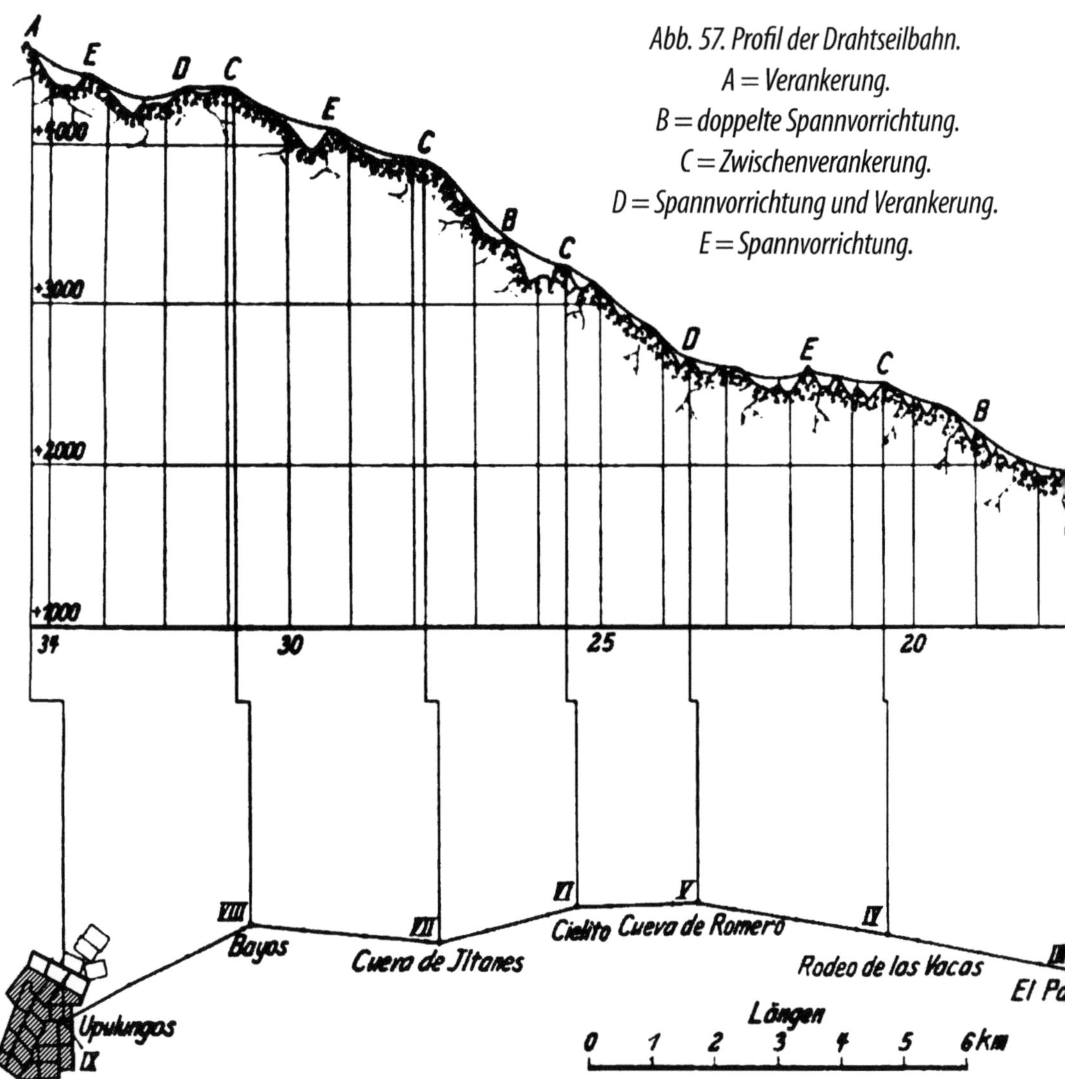

Abb. 57. Profil der Drahtseilbahn.
A = Verankerung.
B = doppelte Spannvorrichtung.
C = Zwischenverankerung.
D = Spannvorrichtung und Verankerung.
E = Spannvorrichtung.

den, aus denen man die Erze
in bereitstehende Eisenbahnwagen abzieht. Diese Station
hat keine Antriebsmaschine.
Die Tragseile sind auf der Station fest verankert, dagegen
das Zugseil hier durch eine
Spannvorrichtung gespannt.

Von dieser auf 1075 m Meereshöhe liegenden Station geht
die Bahn mit einer anfänglich
sehr geringen Steigung von
5 %, scheinbar sich ins Un-
endliche verlierend, nach dem
Gebirge zu *(Abb. 58).* Von
dem Alto Blanco aus steigt
sie dann um 464 m bis zu

Abb. 58. Ansicht der Strecke von Station I
gegen das Gebirge.

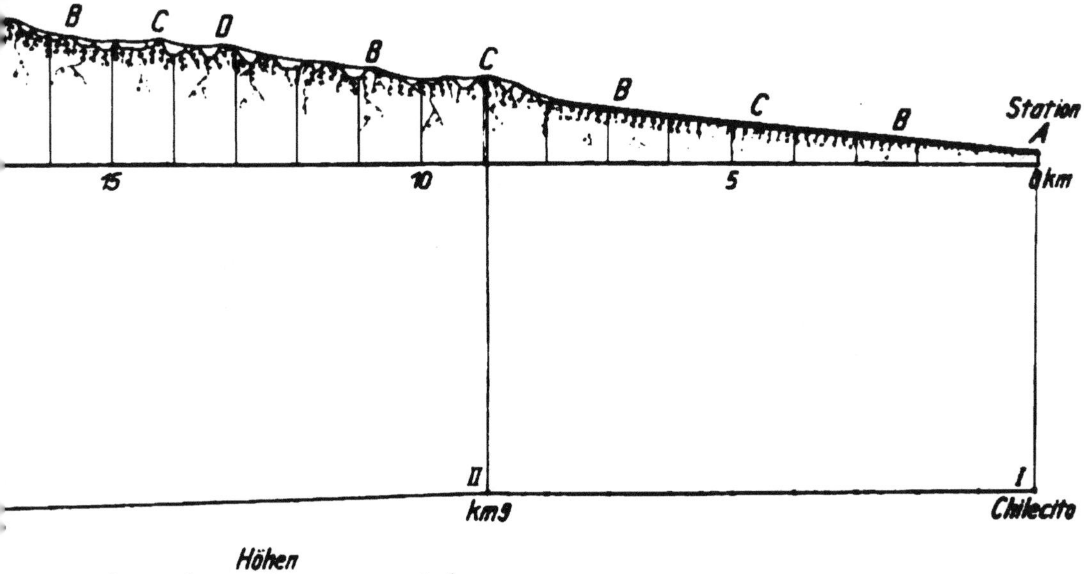

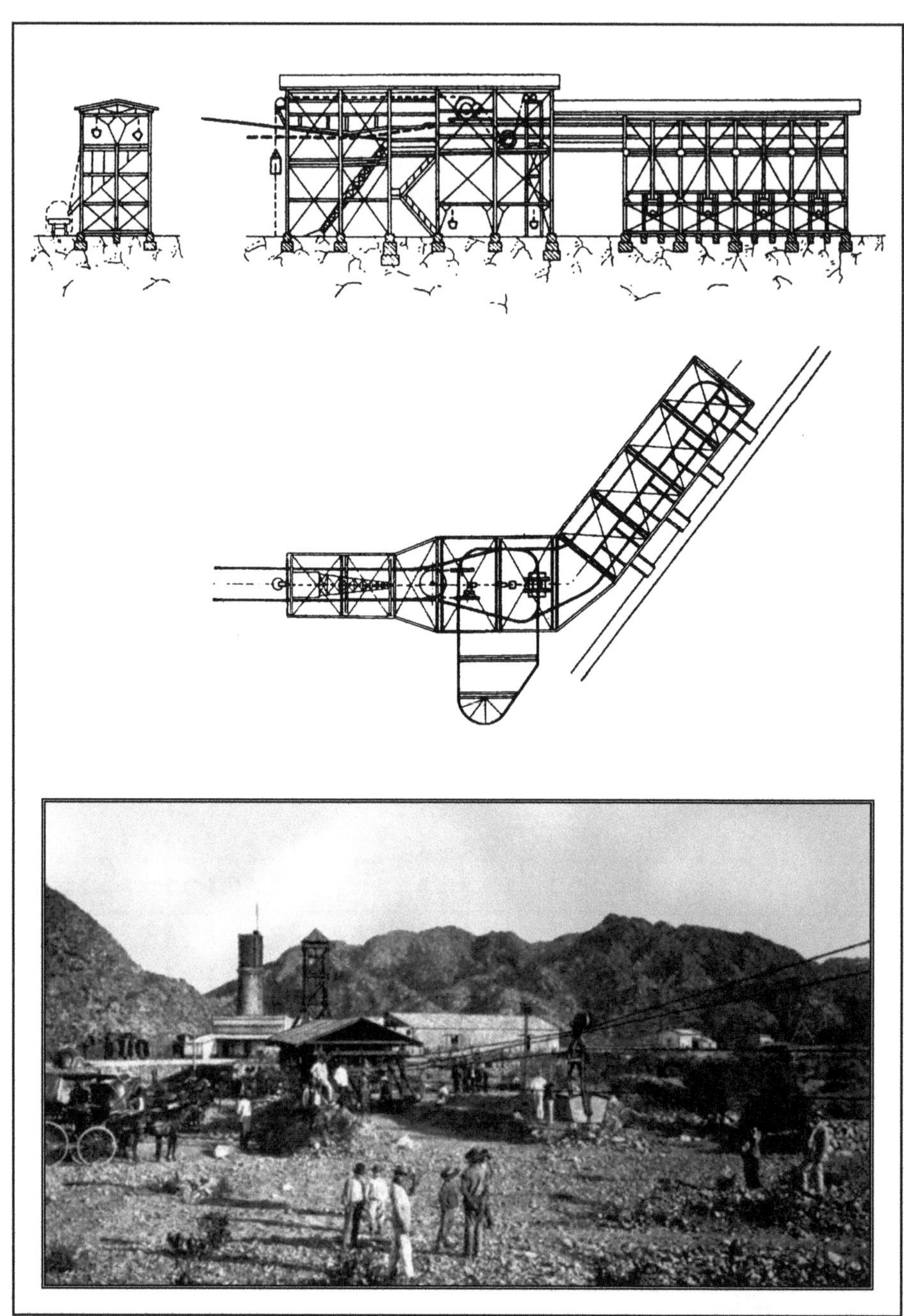

Abb. 59. Station I, Chilecito.

den ersten Hügeln des Santa Florentina bei km 9, wo sich die erste Zwischenstation (Station II) *(Abb. 60)* befindet. Da sich die Tragseile auf der ganzen Länge von 9 km nicht in einem einzigen Stück unter gleichmäßiger Spannung halten lassen, ist die Strecke durch drei Spannvorrichtungen in vier annä-

Abb. 60. Station II bei km 9.

hernd gleiche Teile geteilt. Die erste Zwischenspannvorrichtung hat zwei Paar Kästen mit großen Betongewichten, mittels deren die beiden nach oben laufenden und die beiden von oben herunterkommenden Seile gespannt werden. Die nächste Unterbrechung der Tragseile befindet sich bei einer festen Ankerstation, wo die Seilenden mit Hilfe von Muffen über

Abb. 61. Station III.

Spannböcken verankert sind. Von hier gehen die Seile nach der nächsten Zwischenspannvorrichtung, die wieder vier Gewichtskästen enthält. Endlich sind die Tragseile in der oberen Endstation wieder fest verankert, wie es mit Ausnahme der Station V überall geschehen ist. Die Wagen werden von einem Tragseil auf das andere auf festen Hängeschienen übergeführt, ohne dass das Zugseil unterbrochen ist. Ähnliche Anordnungen wiederholen sich bei allen Einzelstrecken, so dass die Stationen von den Spanngewichten unbelastet bleiben.

Die erste Zwischenstation hat eine Antriebsmaschine von 35 PS nebst Wasserrohrkessel zum Betrieb der Strecke I. Ferner sind dort Wohn- und Schlafräume für das Personal, Reparaturwerkstätten und ein seitliches Ausziehgleis angelegt. Die Spannvorrichtung für das Zugseil der Strecke II ist ebenfalls in diese Station verlegt.

Von Station II geht die Drahtseilbahn an den Abhängen des Durazno y Las Higueras weiter, überschreitet mit einer Spannweite von 465 m bei km 14,5 den Amarillo-Fluss und gelangt mit einer weiteren Steigung von 465 m zur Station III (Parron) bei km 17,5. Diese Station *(Abb. 61)* hat ebenfalls eine

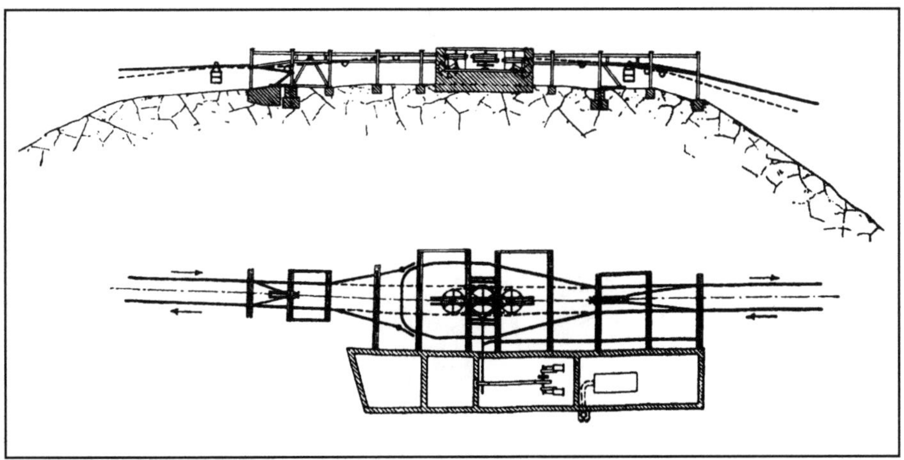

Abb. 62. Station IV.

Antriebsmaschine von 35 PS mit zugehörigem Kessel für die untere Strecke, Wohnräume für das Personal, aber keine Werkstätte und kein Ausziehgleis. Sie liegt auf annähernd 2000 m Höhe, und ihre Einrichtung auf einem sehr steil abfallenden Bergrücken war schon mit ganz bedeutenden

Abb. 63. Ansicht der Strecke zwischen Rodeo de las Vacas und Cueva de Romero mit Stütze von 50 m Höhe.

Schwierigkeiten verknüpft. Die mittlere Steigung der zu ihr führenden Strecke beträgt etwa 5,2 %.

Von der Station Parron geht es nun immer am rechten Abhang des Cerro Alto bis zur Station IV (Rodeo de las Vacas) bei

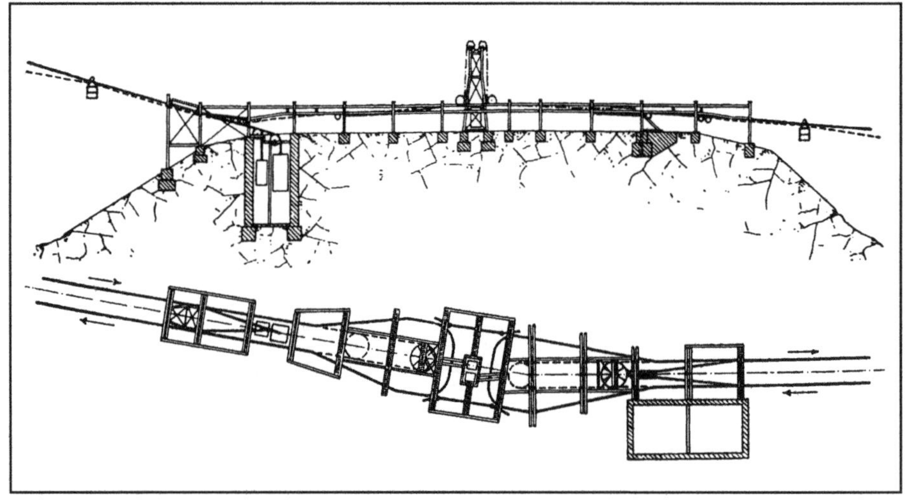

Abb. 64. Station V.

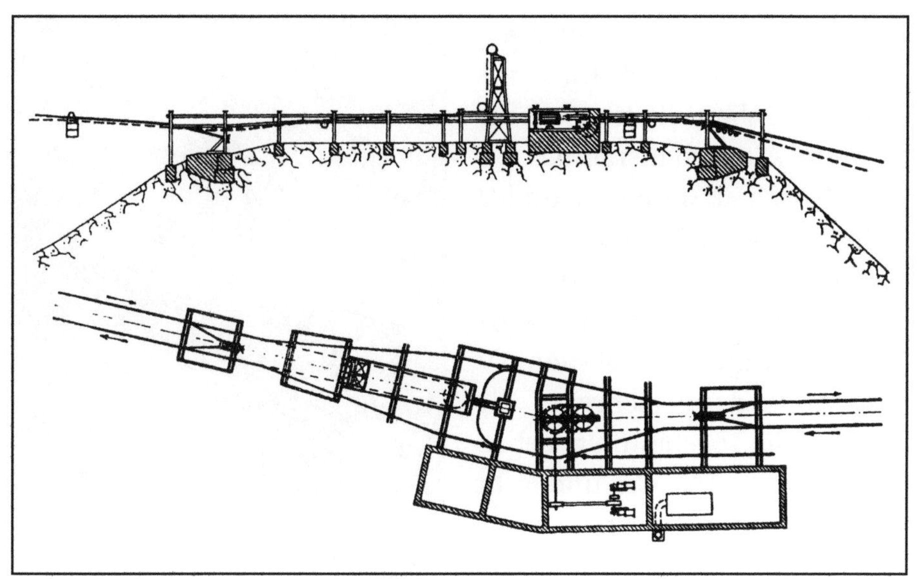

Abb. 65. Station VI.

km 20,5, wobei ein Höhenunterschied von 565 m überwunden wird, so dass die durchschnittliche Steigung dieser dritten Zwischenstrecke schon 18,5 % beträgt. Station IV *(Abb. 62)* unterscheidet sich insofern von Station III, aus der die Strecke III unter einem Winkel herausgeht, als sie einen doppelten Antrieb für das Zugseil hat, der sowohl die Strecke III wie die Strecke IV bedient. Die Antriebsmaschine ist gerade so groß wie alle anderen, da es sich auf dieser Station nur darum handelt, beim Anlaufen der Bahn das Zugseil in Bewegung zu setzen; denn bei vollbelasteter Bahn ergibt sich schon ein Kraftüberschuss von 75 PS, der durch Bremsen vernichtet werden muss, so

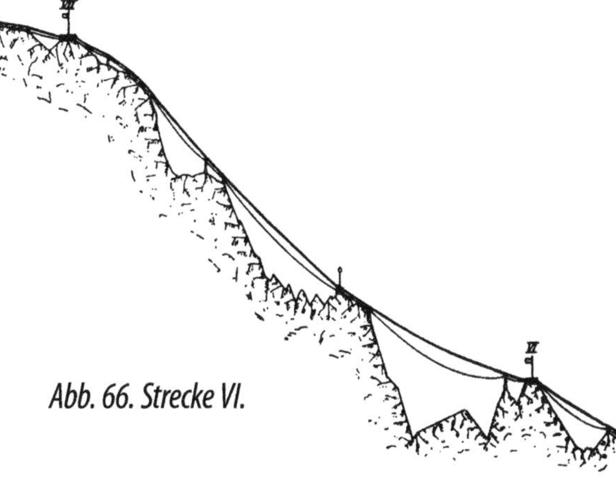

Abb. 66. Strecke VI.

weit er nicht zu anderen Zwecken benutzt wird. Im Übrigen hat diese Station wieder kleine Aufenthaltsräume.

Zwischen Station IV und V liegt einer der schwierigsten Teile der Bahn, obwohl die Steigung nicht einmal ganz 5 % beträgt. Von Station IV auslaufend überschreitet die Bahn die sogenannten sieben Abhänge *(Abb. 63)* und geht dann durch einen Tunnel von 300 m Länge, der gebohrt werden musste, um keine allzu schroffe Bruchstelle für das Seil zu erhalten, mit zwei

Abb. 67. Station VII, 3912 m über Meereshöhe.

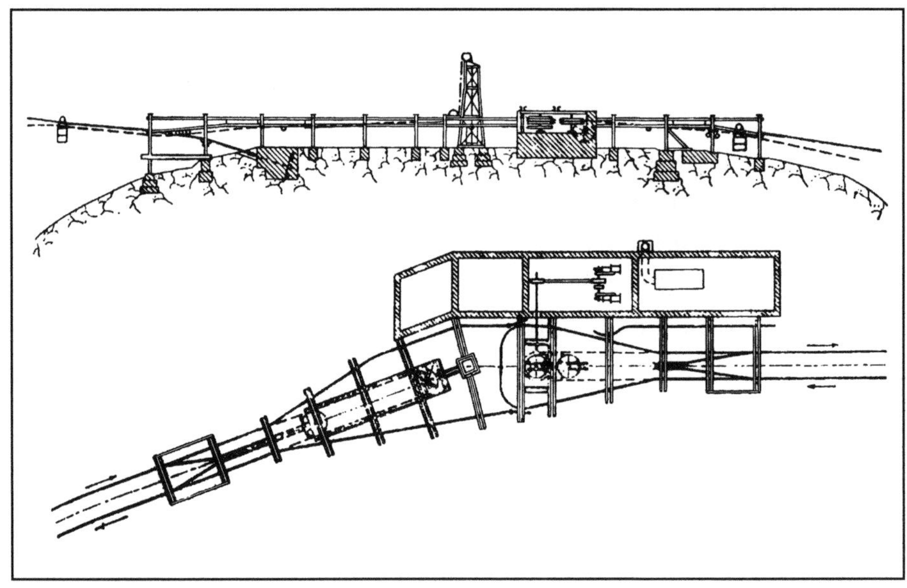

Abb. 68. Station VII.

Spannweiten von 258 m und 540 m über die Schlucht von San Andreas weiter an den Abhängen des Cerro negro bis zur Station V (Cueva de Romero) *(Abb. 64)*, im Ganzen einen Höhenunterschied von 150 m überwindend. Station V hat keine Antriebsmaschine, dagegen zwei Spannvorrichtungen für die von oben und von unten kommenden Zugseile und eine Spannvorrichtung für die von oben herunterkommenden Tragseile der Strecke V, im Übrigen wieder einen kleinen Aufenthaltsraum.

Nun beginnt die Bahn, unter ganz gewaltigen Steigungen an

Abb. 69. Große Spannweite bei Allada frente à Los Bayos. (Im Hintergrund Station VIII.)

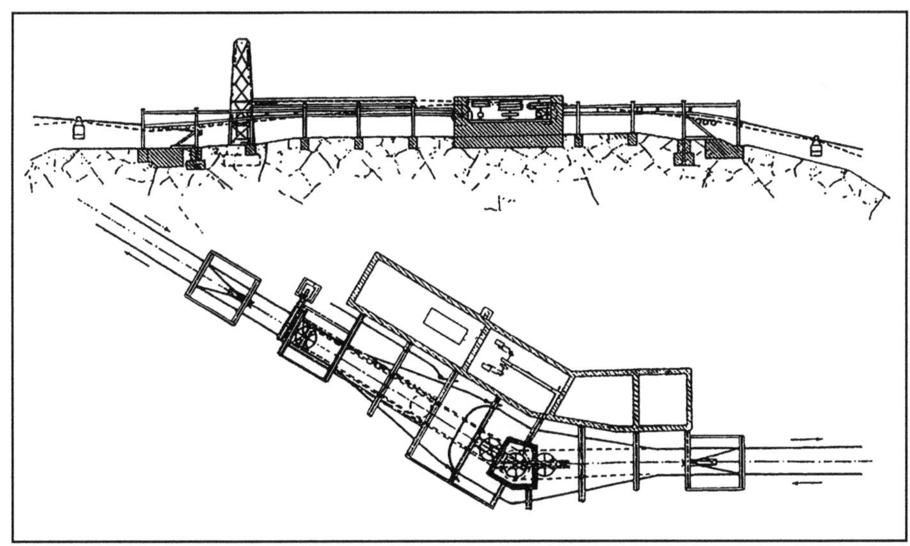

Abb. 70. Station VIII.

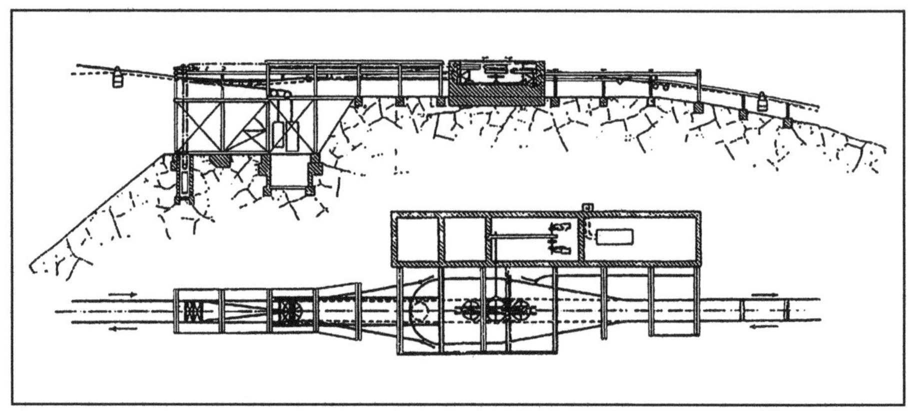

Abb. 71. Station bei Bello Plan.

den Abhängen des Cielito Rodado y Cabrera Moreno nach der Station VI *(Abb. 65)* emporzuklettern. Auf dieser nur 1,5 km langen Strecke werden 460 m mit einer Steigung von rd. 29 % überwunden. Die Station VI hat wieder Antriebsmaschinen für die Strecke V und eine Spannvorrichtung für die folgende Strecke VI *(Abb. 66)*, die zunächst mit einer Spannweite von 670 m den Rio del Rodado überschreitet und bei km 26,5 eine zweite Spannweite von rd. 575 m aufweist. Die Endstation dieser Strecke, Cueva de Iltanes, *(Abb. 67 u. 68)* bei km 27,8 liegt

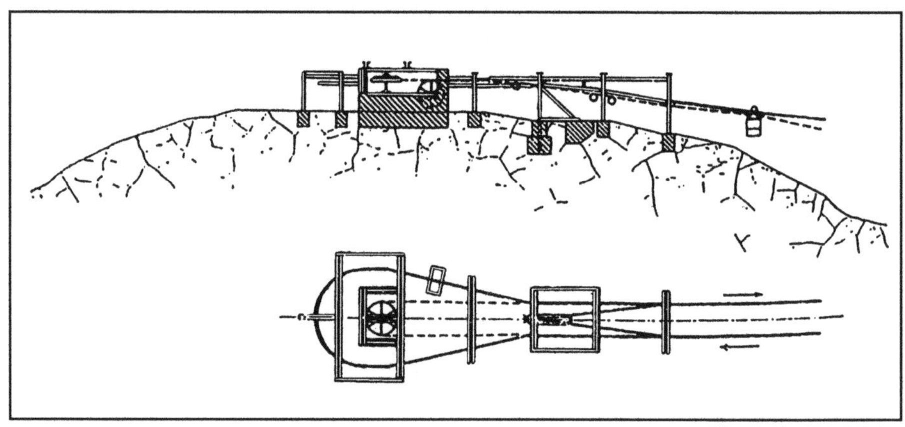

Abb. 72. Endstation.

schon auf beinahe 4000 m Meereshöhe. Durch Strecke VI wird ein Höhenunterschied von 675 m mit beinahe 50 % Steigung überwunden. Von hier aus beginnt der Teil der Bahn, in dem die Temperatur stets unter dem Gefrierpunkt bleibt. Die mittlere Wintertemperatur beträgt hier etwa −20°. Aus Station VII kommend, welche Betriebsmaschinen, Kesselhaus und Aufenthaltsräume sowie Zugseil-Spannvorrichtung für die Strecke VII enthält, überschreitet die Bahn mit einer Spannweite von annähernd 800 m die Allada frente à Los Bayos *(Abb. 69)*. Sie bildet die einzige Brücke, die alleinige Verbindung des hier beginnenden Minenbezirkes mit dem tiefer liegenden Gebirge. Bei km 31,0 wird die Station Bayos (VIII) *(Abb. 70)* in einer Meereshöhe von 4600 m erreicht. Die Steigung dieser Strecke VII beziffert sich auf rd. 15 %.

Wieder unter einem Winkel aus Station VIII auslaufend, die den Antrieb für beide Strecken, Zugseil-Spannvorrichtung für die obere Station und wie Station VII ein Ausziehgleis enthält, erreicht die Bahn mit zwei großen Spannweiten von rd. 600 m und 900 m, die den Höhepunkt der Entwicklung der ganzen Anlage bilden, bei km 33,7 die Zwischenstation bei Bello Plan *(Abb. 71)*, von wo aus eine kurze Anschlussbahn nach den Famatina-Minen bei Upulungos geht *(Abb. 72)*.

Die gesamten Konstruktionsteile der ganzen Bahn, sowohl die Stützen für die Tragseile wie auch die Gerüste für die Stationen und Zwischenspannvorrichtungen, sind in Eisen ausgeführt. Die Gegend ist sehr holzarm; große Nutzholzwälder gibt es überhaupt nicht, so dass Holz, wie es in Europa sehr häufig zur Herstellung der Stationen und Stützen benutzt wird, fast höhere Kosten als Eisen verursacht haben würde. Zudem musste auch mit den klimatischen und atmosphärischen Einflüssen gerechnet werden, sowie mit dem Umstand, dass die Unterhaltungsarbeiten und natürlich auch die Unterhaltungskosten hölzerner

Gerüste bei einer derartig verwickelten Anlage sehr bedeutend geworden wären.

Die Gleise bestehen mit Ausnahme der Strecken innerhalb der Stationen sowie der Zwischenspannvorrichtungen und Verankerungen, woselbst 260 mm hohe Hängeschienen *(Abb. 73)* verwendet worden sind, fast überall aus Drahtseilen. Nur an zwei Stellen sind die Drahtseile durch auf niedrigen Gerüsten gelagerte Schienen ersetzt worden; einmal bei der Durchführung der Linie durch den Tunnel *(Abb. 74)*, das andermal bei der Überschreitung einer besonders ungünstig gelegenen Bergkuppe auf Strecke VI zwischen zwei Spannvorrichtungen *(s. Abb. 75)*.

Die Unterstützungen, auf denen die Tragseile ruhen, haben die bekannte Pyramidenform. Sie sind alle nach einer norma-

Abb. 73. Stationseinlauf auf Rodeo de las Vacas.

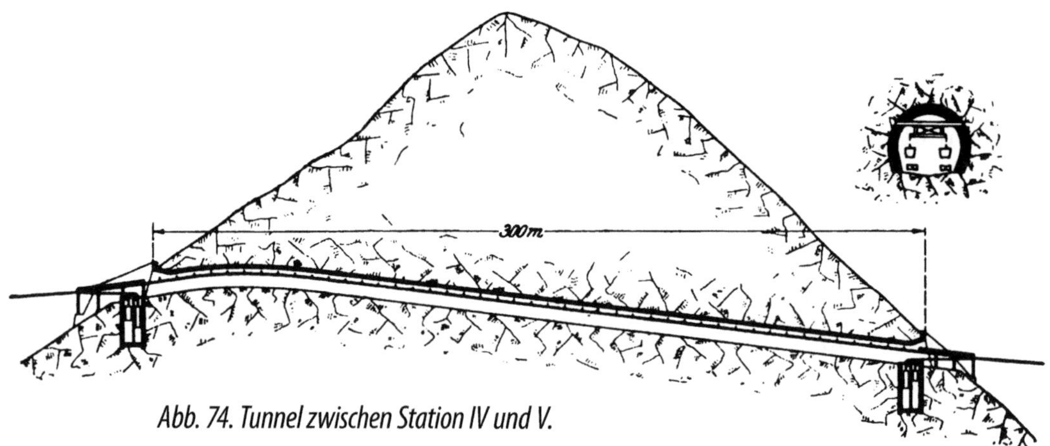

Abb. 74. Tunnel zwischen Station IV und V.

Abb. 75. Linienführung mit
Schienen auf der Strecke VII.

len Konstruktion hergestellt und unterscheiden sich fast nur in
der Höhe *(s. Abb. 76)*. Während an einigen Stellen nur 3 – 5 m
Stützenhöhe nötig sind, schwankt die Höhe auf dem größten
Teil der Strecke zwischen 5 m und 10 m, steigt aber stellenweise bis zu 30 m und 40 m auf; so sind z. B. vor der Station II
eiserne Türme von 40 m, mit dem Unterbau annähernd 50 m
Höhe und etwa 10 – 12 m Fußbreite errichtet worden. Die mittleren Entfernungen der Stützen betragen auf annähernd waa-

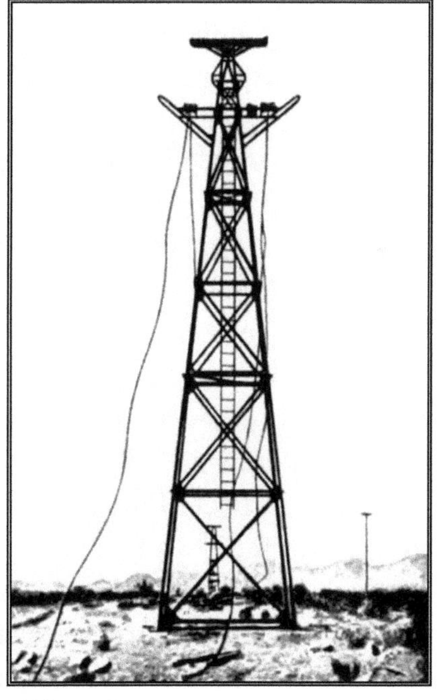

Abb. 76. Stützen von 3 m ↖,
4,5 m ← und 18 m ↑ Höhe.

gerechten oder nur schwach geneigten Strecken etwa 100 m; wie schon erwähnt, kommen aber auch Spannweiten bis 900 m vor, so dass die Zahl der Stützen insgesamt etwa 275 beträgt. Die Eisenteile für die Stationen, Stützen und Zwischenspann- sowie Verankervorrichtungen wiegen etwa 2000 t.

Ganz besondere Aufmerksamkeit war der Wahl der Tragseile zuzuwenden. Hier konnten nur zwei Arten von Seilen in Frage kommen, einmal die Spiralbauart, zum anderen die Konstruktion voll verschlossener Seile. Die sogenannten Simplexseile, Hohlseile, mussten von vornherein ausscheiden, weil sie sich bei starker Überlastung auf den Schuhen leicht platt drücken und bei weitem nicht die Sicherheit bieten wie die beiden erstgenannten Arten. Der Bruch eines einzigen Drahtes in einem solchen Hohlseil ist imstande, das ganze Gefüge an der betreffenden Stelle vollständig zu lockern, weil der innere Kern fehlt, auf dem die äußeren Drähte der verschlossenen Vollseile eine sichere Auflage finden. Es würde ja natürlich am vorteilhaftesten gewesen sein, bei der ganzen Anlage nur voll verschlossene Seile zu verwenden; doch war man, wenn sich auch die argentinische Regierung in Bezug auf die Kosten sehr entgegenkommend gezeigt hat, an eine bestimmte Summe gebunden, so dass man sich schließlich mit Rücksicht auf die bedeutenden Mehrkosten, die jene Seile verursacht hätten, dazu entschloss, für den Hauptteil der Strecke Spiralseile zu verwenden und verschlossene Seile nur bei stark beanspruchten Strecken, Bergübergängen, zu benutzen. Schließlich wählte man Spiraltragseile von 150 kg/mm^2 Bruchfestigkeit, also sogenannte harte Tragseile, und zwar für die fünf oberen Strecken mit 35 mm $\varnothing$ für das Lastseil und 28 mm $\varnothing$ für das sogenannte Leerseil, und auf den beiden unteren Teilstrecken mit 30 mm bzw. 25 mm $\varnothing$. An besonders schwierigen Gebirgsübergängen sind einzelne Stücke, insgesamt etwa 1000 m, verschlossenen Seiles von 30 mm $\varnothing$ für die Lastseile und von 22 mm $\varnothing$ für die Leerseile eingefügt.

Zur Verbindung der einzelnen Seillängen untereinander sind die bekannten Bleichertschen Ringkeilkupplungen verwendet worden.

Wie schon bei der Beschreibung der Strecke gesagt worden ist, wird die durch Tragseile und Zwischenkupplung gebildete Laufbahn, das eigentliche Gleis, an dem einen Ende fest verankert und durch eine auf das andere Ende einwirkende Spannvorrichtung unter stets gleichmäßiger Spannung gehalten. Zum Anschluss dieser Verankerungen und Spannvorrichtungen an das Tragseil wird dieselbe Ringkeilkupplung verwendet wie zum Verbinden der Seilstücke untereinander. Bei Teilstrecken von geringerer Länge genügt je eine Verankerung und eine Spannvorrichtung, die mit den Stationen kombiniert wird, wie dies bei den Teilstrecken V und VI der Fall ist. Die Länge der übrigen Teilstrecken ist aber zu groß, und darum sind hier die schon erwähnten mittleren Spannvorrichtungen eingeschaltet worden *(Abb. 77)*. Sie sind teils mit Verankerun-

Abb. 77. Spannvorrichtung zwischen zwei Stationen.

gen vereinigt, teils als Doppelspannvorrichtungen ausgebildet und dienen alsdann, wie beschrieben, zum Anspannen der beiden angrenzenden Strecken. Alle mittleren Spannvorrichtungen lassen die Wagen frei durchfahren, so dass keinerlei Bedienung an diesen Punkten erforderlich wird. Im Ganzen hat die Bahn 19 Verankerungs- und Spannvorrichtungen.

Die Verankerungen und Spannvorrichtungen und ferner die Stationsein- und -ausläufe sind derart angeordnet, dass die Anschlussschienen genau in der Richtung der Seile liegen, so dass trotz der Zugseilgeschwindigkeit von 2,5 m/s ein merklicher Stoß beim Auflaufen oder Ablaufen des Wagens von der Zunge nicht erfolgt. Gewöhnlich ist bei den Spannvorrichtungen das Seilende durch eine Kupplung mit einer Kette verbunden, die über eine große, in dem Spannbock liegende gusseiserne Rolle läuft und am Ende den Gewichtskasten trägt. Diese Ketten sind aber einer hohen Abnutzung unterworfen und gehen namentlich bei niedriger Temperatur, mit welcher dort sehr zu rechnen war, leicht zu Bruch. Deshalb sind hier an Stelle der Ketten die in neuerer Zeit vielfach verwendeten flachlitzigen Spannseile eingebaut worden, dicke flachlitzige Drahtseile aus weichem, sehr zähem Stahl mit mehreren Hanfseelen, die über große Seilrollen hinweg auf die Tragseile einwirken, und bei denen die Gefahr eines plötzlichen Bruchs vollständig ausgeschlossen ist.

Das Zugseil bildet einen der wichtigsten Teile der Drahtseilbahn, und seine Berechnung ist von ausschlaggebender Bedeutung. Es hat eine hohe Spannung auszuhalten, die nur unwesentlich von der Konstruktion der Bahn beeinflusst werden kann, und ist einer recht erheblichen Abnutzung unterworfen. Im vorliegenden Fall steigt die Zugseilspannung auf einzelnen Strecken bis zu 5000 kg und geht nirgends unter 3000 kg hinunter; es musste deshalb ein Seil von 18 mm $\varnothing$ aus zähem Gussstahl von 180 kg/mm^2 Festigkeit gewählt werden, das bei 22000 kg rechnerischer Bruchfestigkeit auf der am meisten beanspruchten Strecke noch eine 4,5-fache Sicherheit aufweist. Damit das Zugseil unter stets gleichmäßiger Spannung bleibt, erhält jede Strecke eine besondere Spannvorrichtung dafür. Die Spannvorrichtungen haben natürlich reichlich Spiel, und an Stelle der sonst üblichen Schlittenführungen mit Umführscheibe, die aber leicht Reparaturen unterworfen sind, hat man besondere Spannwagen verwendet, die mit vier Rädern auf Eisenbahnschienen laufen.

Das Zugseil wird während des Betriebs auf der freien Strecke von dem Wagen und von den auf den Stützen angebrachten Schutzrollen getragen. Diese Rollen sind infolge der ständigen Berührung mit dem aus harten Drähten hergestellten Seil einer gewissen unvermeidlichen Abnutzung ausgesetzt, der man dadurch begegnet, dass man die Rollen geteilt ausführt und sie mit leicht auswechselbaren Rilleneinlagen aus zähem Schmiedeeisen versieht. Diese Einlagen sind sehr widerstandsfähig und können bequem und ohne große Kosten ersetzt werden während die teureren Rollen selbst unversehrt bleiben.

Als Betriebsmittel kommen im Wesentlichen die Wagen in Frage, die, wie schon gesagt, mit der Bleichertschen Kupplung ›Automat‹ versehen sind. Die für die Erzbeförderung bestimmten Wagenkästen bestehen aus kräftigem Stahlblech und haben 0,3 m³ Inhalt, entsprechend 500 kg Nutzlast.

Als besonderer Vorteil dieser Wagen ist hervorzuheben, dass der große, an einzelnen Stellen der Bahn sogar bedeutende Zugseildruck auf die Gehänge überhaupt nicht einwirkt, da er vom Laufwerk und vom Tragseil allein aufgenommen wird. Das Zugseil kommt mit dem Gehänge gar nicht in Berührung, wodurch es möglich ist, das letztere bei großer Sicherheit sehr leicht zu gestalten, und wodurch sich ferner ganz von selbst ergibt, dass es stets genau senkrecht nach unten hängt.

Da mit der Bahn nicht allein Erze herunter, sondern auch alle anderen Stoffe hinauf zu befördern sind und selbst Personenbeförderung vorgesehen werden musste, ist noch eine ganze Reihe andrer Betriebsmittel angeschafft worden. Der obere Teil der Bahn ist vollständig wasserlos; es musste deshalb das zum Trinken und zu Betriebszwecken notwendige Wasser hinaufgeschafft werden, und da die Überwindung

Abb. 78. Wasserwagen.

der bedeutenden Höhen und Längen mittels einer Wasserleitung gewaltige Kosten verursacht hätte, entschloss man sich, das Wasser durch die Seilbahn zu befördern. Zu diesem Zweck dienen Wasserwagen *(Abb. 78)* die aus einem normalen Laufwerk mit Gehänge und einem Kessel von $0,5\,\mathrm{m}^3$ Inhalt bestehen. Die Kessel sind mit dichtem Verschluss und Entleervorrichtung versehen.

Zur Beförderung von langen Eisenstücken, Grubenhölzern und ähnlichen Gegenständen sind ebenfalls besondere Betriebsmittel beschafft worden, ebenso für Kisten, Ballen usw.

Die zur Personenfahrt dienenden Wagen *(Abb. 79)* bestehen aus einem viersitzigen

Abb. 79. Personenwagen.

Kasten mit einer seitlichen Tür und entsprechenden Fenstern, der an einem normalen Laufwerk hängt und nach der am Zugseil liegenden Seite hin einen seitlichen Ausbau hat.

Dieser Ausbau dient sowohl zur Aufnahme eines kleinen Wasservorrats, der gleichzeitig als Ballast wirken soll, wie auch zur Aufbewahrung für Postgüter, Briefe usw.

Zur Kontrolle der Fördermengen sind in der Entladestelle Chilecito eine Schnellwaage und eine Zählvorrichtung aufgestellt, über die alle Wagen wegfahren müssen. Beide Vorrichtungen sind mit Selbstdruckern ausgerüstet, so dass jeder Wagen, der von oben herunterkommt, nicht allein selbsttätig gezählt, sondern auch gewogen wird.

Sehr wichtig für die Sicherheit des Betriebes ist das regelmäßige Schmieren der Tragseile und das Firnissen der Zugseile, wodurch jeder Rostansatz innerhalb oder auf den Seilen verhütet werden soll. Zum Schmieren der Tragseile wird ein Schmierwagen verwendet, der aus einem im Laufwerk eingebauten Pumpwerke besteht – eine kleine Umlaufpumpe ist mit den Laufwerkrädern verbunden – und auf einer Plattform ein Ölgefäß trägt, das mit der Pumpe durch ein biegsames Metallrohr verbunden ist. Die sich drehenden Räder setzen das Pumpwerk in Betrieb, und das Öl tritt in feinem Strahl zwischen den geteilten Rädern des Schmierwagens auf das Seil, so dass dieses eine vollkommene Umhüllung mit einer feinen Ölschicht, die noch durch Bürsten verteilt wird, erhält. Der Wagen schmiert naturgemäß nur dann, wenn er in Bewegung ist. Eine einmalige Füllung genügt für eine Länge von über 10 km, so dass zwischen zwei Stationen immer nur ein Schmierwagen zu verkehren braucht.

Zum Schmieren des Zugseiles sind in den Stationen selbsttätig wirkende Schmiervorrichtungen aufgestellt, durch die das Zugseil hindurchgeht. Es liegt innerhalb der Vorrichtung auf einer Rolle, die mit ihrem Unterteil in Öl oder Firnis taucht, und die von dem Seil in Bewegung gehalten wird. Bürsten am Auslauf aus der Schmiervorrichtung sorgen für die Verteilung des Firnisses an der Oberfläche des Seils.

Zur Verständigung der einzelnen Stationen untereinander dient, wie bei Nebeneisenbahnen allgemein, eine Telefonanlage, die ganz unabhängig von der Bahnanlage parallel zu ihr läuft. Sie ist auf eisernen, in den Boden eingegrabenen Isolatorenstützen befestigt, die in Entfernungen von etwa 100 m aufgestellt und etwa 4 m hoch sind. Der gussstählerne Telefondraht hat 4 mm $\varnothing$. Jede Station hat einen Apparat mit Induktionsläutewerk, Hörer und Mikrofon, die in einer besonderen Zelle untergebracht sind. Da es wünschenswert ist, dass von jedem beliebigen Punkte der Strecke aus gesprochen werden kann, so sind ferner mehrere tragbare Tornisterapparate in den einzelnen Stationen verteilt und die Strecke selbst in Entfernungen von je 1000 m mit Stöpselkontakten versehen, durch die sich der Streckenwärter unter Zuhilfenahme des tragbaren Fernsprechers mit den benachbarten Stationen in Verbindung setzen und etwa bemerkte Unregelmäßigkeiten melden kann.

Die Wahl der Bahnlinie und ihre Absteckung war naturgemäß mit bedeutenden Schwierigkeiten verknüpft. Da das vorhandene Kartenmaterial außerordentlich unzuverlässig war, konnte man damit nur schlecht arbeiten. Es war vor allen Dingen notwendig, die ganze Linie, die für den Bau in Betracht kam, gründlich zu studieren, um die geeigneten Teilstrecken auswählen zu können. Die Gegend wurde von einem Vermessungsausschuss der Regierung und der **Famatina Development Co.** mehrfach bereist und dann in rohen Zügen, möglichst im Anschluss an die gerade Linie, eine vorläufige Absteckung vorgenommen. Man kam dabei aber mit einem großen Teil der Linie in ein Flussbett hinein, weshalb man später etwas abschwenkte. Damit wurde allerdings die gerade Linie verlassen; man musste sich dazu entschließen, Bruchpunkte anzulegen, die sich auf den Zwischenstationen III, V, VI, VII und VIII befinden. Nach dieser Schwenkung der Linie wurden dann auch die Stationspunkte endgültig festgelegt.

Um auch den Ingenieuren und dem bauausführenden Büro der Firma Bleichert & Co. eine allgemeine Orientierung zu ermöglichen, wurde die ganze Gegend in einer Folge von Bildern fotografiert. In diese Fotografien wurde die Bahnlinie mit den Stationen (Bruchpunkten usw.) eingezeichnet *(Abb. 80 – 84)* so dass sich der Verlauf der Strecke in einer ununterbrochenen Reihe von Bildern deutlich darstellte.

Diesem ersten Abstecken der Linie folgte eine allgemeine tachymetrische Höhenvermessung, die von der Regierung ausgeführt wurde, und die schon etwas mehr in die Einzelheiten ging; doch genügte auch sie für die eigentliche Bauausführung noch nicht. Es ist eine durchaus irrtümliche Annahme, wenn man glaubt, bei Drahtseilbahnen spielten geringe Höhenunterschiede keine Rolle. Im Gegenteil ist darauf zu sehen, dass die Höhenpunkte der ganzen Strecke mit derselben Sorgfalt abgemessen werden wie bei den Schienenbahnen. Bei

Abb. 80. Vermessungslinie der Bahn, von Chilecito aus gesehen; Strecke I, II und III.

ungeschickten oder ungenauen Vermessungen kommt es häufig vor, dass sich die Tragseile an einzelnen Punkten von den Stützen abheben, wenn die benachbarten Strecken zwischen zwei Stützen höher beansprucht werden, als etwa vorgesehen war, oder wenn zufälligerweise ein Wagen in der Folge fehlt.

Es war daher notwendig, eine genaue Einzelvermessung der ganzen Linie für das Bauprofil vorzunehmen. Diese Vermessung wurde von einem Oberingenieur der Firma Bleichert&Co. unter Beihilfe von Regierungsingenieuren ausgeführt. Nachdem so schließlich die wesentlichen Einzelheiten festgelegt, das ganze Längenprofil durchgearbeitet war, konnte mit dem Bau begonnen werden; doch ging dem eigentlichen Bau noch eine letzte Kontrollvermessung voraus, die bei Anlage der Fundamente vorgenommen wurde, und die immer nur kürzere Längen umfassend, dem Bau Streckenweise vorauseilte.

Die ersten Arbeiten, die dann vorzunehmen waren, betrafen die Erschließung des Gebirges im Zuge der Drahtseilbahn. Wie schon früher erwähnt, gingen verschiedene sehr schwie-

Abb. 81. Vermessungslinie der Bahn; Strecke III und IV.

rige Maultierpfade in das Gebirge hinein, die schon viele Jahrhundert alt, zum Teil verfallen und unbenutzbar waren. Es handelte sich zunächst darum, diese alten Pfade möglichst auszubessern und da, wo dies nicht möglich war und wo sie nicht an die Bahnlinie heranführten, neue Wege anzulegen. Vor allen Dingen wurde eine Hauptstraße von Chilecito bis zu den Upulungos-Minen des Famatina-Bezirks gebaut, die infolge ihrer vielen Umwege etwa 50 km lang wurde, und von der aus man Seitenwege nach den einzelnen Baupunkten führte. Die Gesamtlänge dieser Seitenwege betrug etwa 60 km, so dass im Ganzen rd. 110 km Wegebauten, zum Teil unter den schwierigsten Verhältnissen, auszuführen waren.

Hand in Hand mit diesen Wegebauten ging die Bearbeitung der Strecke selbst. Lässt sich eine Drahtseilbahn selbst in den äußersten Fällen dem Gelände anpassen, so ist es doch häufig wünschenswert, allzu scharfe Gefällewechsel bei Bergübergängen, allzu große Spannweiten zu vermeiden, um nicht künstlich den Betrieb zu erschweren. Demnach hat man auch

Abb. 82. Vermessung der Strecke V.

hier die Bergübergänge mit möglichst großen Übergang-halbmessern ausgeführt. Diese großen Überganghalbmesser bedingten aber, da das Gebirge ein Faltengebirge mit sehr schroffen Kämmen ist, eine ganze Reihe von Einschnitten, von denen einige ganz bedeutende Abmessungen haben. Der Bau dieser Einschnitte war insofern bemerkenswert, als das Gestein, das wesentlich aus Kalk, Schiefer, vielfach aber auch aus harten Graniten und Quarzen besteht, Sprengarbeiten im größten Maß ermöglichte. Zur Herstellung der Fläche für Station VII, die besonders ungünstig gelegen ist, wurden unter anderem Sprengungen vorgenommen, bei denen rd. 70 Dyna-mitpatronen in ebenso vielen Bohrlöchern gleichzeitig abge-schossen wurden.

Einer der bemerkenswertesten Einschnitte liegt bei Stati-on IV. Hier waren rd. 5500 m³ Fels herauszuschießen. An ei-ner anderen Stelle zwischen Station IV und V musste eben-falls zur Vermeidung allzu großer Spannweiten und zu großer Stützenhöhen ein Tunnel von rd. 300 m Länge angelegt wer-

Abb. 83. Vermessungslinie der Bahn; Strecke V, VI und Teil von VII.

den, der bei 4,5 m Breite und 4 m Höhe eine Bewältigung von 3500 m³ Gebirge erforderte. Dieser Tunnel ist an den beiden Mundlöchern ausgemauert und mit Portalen versehen, von denen eines gleichzeitig als Stützmauer gegen die dort leicht rutschenden Schiefergebirge dient. Im Inneren des Tunnels ist das Gebirge so widerstandsfähig, dass ein Ausbau unterbleiben konnte. Der Tunnel wurde im Dezember 1903 in Angriff genommen und im April 1904 fertiggestellt.

Selbstverständlich war es dann noch notwendig, besondere Arbeitsplätze, Montage- und Lagerplätze, Wohnplätze für die Arbeiter, kleine Wohnhäuser für die beim Bau beschäftigten Beamten anzulegen, ehe mit dem Hinaufschaffen begonnen werden konnte. Um einen genügenden Überblick über die Baustoffe zu bekommen und ihre Ausgabe möglichst einheitlich zu gestalten, wurde zunächst bei Station I in Chilecito ein großes Montagelager eingerichtet, durch das alle zum Bau verwendeten Stoffe hindurchgehen mussten und von dem aus sie nach Bedarf entnommen wurden.

Abb. 84. Vermessungslinie der Bahn; Strecke VIII.

Ein sehr wichtiger Teil der nun folgenden Bauarbeiten war die Beförderung der verschiedenen Baustoffe nach der Baustelle. Ähnlich wie bei der Anlage von Schieneneisenbahnen hatte man beschlossen, die Drahtseilbahn streckenweise herzustellen, um auf den unteren Strecken die Baustoffe den später zu erbauenden oberen zuzuführen. Nur muss hierbei die Eigenart der Drahtseilbahn berücksichtigt werden, bei der es nicht möglich ist, wie bei der Schieneneisenbahn die Strecke gewissermaßen meterweise vorzutreiben und das dahinter liegende Stück sofort zu benutzen. Man kann eben bei einer Seilbahn immer nur eine zwischen zwei Stationen liegende Strecke in Betrieb nehmen. Ebenso muss man die Stationen selbst erst fertigstellen, ehe die eigentliche Bahnlinie, die von der Station ausgeht, erbaut werden kann.

Das in jenen Gegenden übliche, weil billigste und zuverlässigste, Beförderungsmittel ist das Maultier. Da, wo die Steigungen nicht allzu groß und die Wege noch einigermaßen fahrbar sind, verwendet man meistens zweirädrige, seltener schon vierrädrige Wagen ziemlich einfacher Bauart. Doch konnten die Baustoffe mit diesen Wagen nicht über Station II geführt werden. Von hier aus blieb das Maultier das einzige Beförderungsmittel. Man musste daher schon bei der Bearbeitung der Eisenkonstruktionen berücksichtigen, dass alle Teile, die über die zweite Station hinaus zu befördern waren, ein Gewicht von 150 kg nicht überschritten. Alle die riesigen Eisenkonstruktionen, die gewaltigen eisernen Stützen, die Dampfmaschinen, Dampfkessel, Seilscheiben, Schwungräder, alles musste in entsprechende Stücke zerlegt werden. Schwerere Teile, die bis auf 2000 kg stiegen, konnten nicht anders fortbewegt werden als durch Träger, natürlich eine außerordentlich mühselige Arbeit, da besonders das Verteilen großer Lasten von geringem Umfang auf eine Reihe von Menschen große Schwierigkeiten bereitet.

Außer den Maultieren kamen als weiteres Beförderungsmittel noch Esel in Betracht, die in Argentinien in ziemlich guter Rasse gezogen werden und außerordentlich ausdauernd sind. Sie wurden aber nur zur Beförderung von Nahrungsmitteln, Trinkwasser, höchstens auch noch Kalk und Steinen, verwendet. Im Durchschnitt waren während des Baues rd. 580–600 Maultiere mit der Beförderung der Baustoffe und etwa 90 Esel mit dem Hinaufschaffen der Nahrungsmittel beschäftigt; nur im letzten Teil der Bauzeit, kurz vor der Einweihung, musste der Bestand erhöht werden, da einige Arbeiten im Rückstand geblieben waren. Die Artillerie der Republik Argentinien stellte noch etwa 200 Maultiere zur Verfügung, so dass in der letzten Zeit des Baues 900–1000 Lasttiere Beschäftigung fanden.

Die Beförderung der Tragseile bildete wohl die schwierigste Arbeit des ganzen Baues. Die bis zu 36 mm Ø starken Seile für die beladenen Wagen wiegen rd. 10 kg/m. Sie müssen aber in Längen von mindestens 200–300 m hergestellt werden, so dass sich das Gesamtgewicht eines solchen Seils auf rd. 3000 kg beläuft. Man musste sich daher wohl oder übel dazu entschließen, die Seile, die auf großen Rollen ankamen, aufzuwickeln und durch besondere Trägergruppen befördern zu lassen. Je nach der Seillänge bestand eine solche Gruppe aus 60 bis unter Umständen mehreren Hundert Mann, natürlich einen entsprechenden Aufwand von Arbeit und Kosten verursachend, so dass z. B. die Beförderung eines einzigen Seilstückes von Station III nach Station V 175 Mark kostete. Als die ersten Seilbahnstrecken fertig waren, konnte

Abb. 85. Beförderung eines Tragseils.

man die Seile nach den oberen Strecken auf der Bahn befördern, indem man die einzelnen Seile in mehrere zusammenhängende Rollen auflöste und jede Rolle an einem leeren Wagengehänge befestigte. Auf diese Weise brachte man es fertig, je drei hintereinanderliegende Gehänge zu verwenden und Seile in ganzen Stücken von 2000 – 3000 kg Gewicht zu befördern *(s. Abb. 85)*.

Die Eisenkonstruktionen wurden, so weit irgend angängig, in Europa fertiggemacht; namentlich wurden die Stützgerüste und die Stationen vorher mit Schrauben zusammengebaut, dann wie üblich gezeichnet und wieder in kleine Stücke von 150 kg im Mittel zerlegt, um das Transportgewicht nicht zu überschreiten. Zum größten Teil erfolgte das Zusammenbauen an Ort und Stelle durch Verschrauben, nur die einfachen Verbindungen wurden genietet. Da alle Stationen sogenannte Parterrestationen von nicht über 5 – 6 m Höhe sind, war das Zusammenbauen verhältnismäßig einfach. Es konnte fast ganz ohne Gerüste durchgeführt werden *(Abb. 86)* wobei die Ersparnis an Gerüsthölzern in dieser holzarmen Gegend sehr wichtig war.

Anders war es schon bei den Stützen. Die kleineren Stützen von 5 – 10 m Höhe wurden an Ort und Stelle liegend genietet und dann über den Fundamenten aufgerichtet. Dagegen mussten die großen Gerüste, die bis zu 40 m Höhe ansteigen und eine Fußbreite von 6 – 10 m haben, aufrechtstehend genietet werden, und zwar derart, dass sie

Abb. 86. Aufbau eines Stützgerüstes.

immer stockwerkweise fertiggemacht wurden, so dass ein fertiges Stockwerk den Unterbau für das neu aufzustellende bildete. War dann der Bau so weit fortgeschritten, dass die oberen Stücke kein allzu großes Gewicht mehr hatten, so wurden die obersten Gerüstteile unten auf dem Boden zusammengenietet, im ganzen emporgezogen und durch Schrauben mit dem unteren Turm fest verbunden *(Abb. 87)*. Der außerordentlich sorgfältigen Vorbereitung und dem Umstand, dass der Zusammenbau der ganzen Eisenkonstruktionen so genau vorgerichtet war, dass fast kein einziges Loch nachgebohrt zu werden brauchte und dass Abänderungen, von

Abb. 87. Aufbau eines 40 m hohen Stützgerüstes.

ganz geringen Ausnahmen abgesehen, nicht vorzunehmen waren, war es zu verdanken, dass die gesamte Arbeit ohne Unfall vor sich ging, wie überhaupt die Zahl der Unfälle ganz gering war. Die einzigen Unglücksfälle, die sich ereigneten, kamen beim Sprengen und infolge elementarer Ereignisse vor, die natürlich auch bei dem sorgfältigst vorbereiteten Bau einen Strich durch die Rechnung machen.

Während die Gegend im Allgemeinen nicht sehr regenreich, in größerer Höhe fast vollkommen regenlos ist, kommen doch von Zeit zu Zeit mit ganz überraschender Schnelligkeit sehr schwere Wetter heran, die gewöhnlich nur Minuten dauern, aber ungeheure Wassermassen über große Strecken ergießen. Ein derartiger Wolkenbruch, der ganz fabelhafte Fluten auf einzelne Baustellen herabsandte, brachte im April 1904 eine erhebliche Baustörung mit sich, indem er einen Teil der fertigen Stützen mitsamt den Fundamenten aus dem Erdboden heraushob und umlegte und die Station II teilweise verschüttete, ebenso wie er am Tunnel einige Verwüstungen anrichtete. Merkwürdigerweise waren die Verluste an Baustoffen, wenn auch die Beschädigungen sehr umfangreich waren, nicht erheblich. So wurden z. B. die Wagenkästen, die zum Aufhängen für die Strecke bereitstanden und an verschiedenen Stellen verteilt waren, durch die Fluten, die sich nach kurzer Zeit wieder verliefen, alle an eine entfernt liegende Stelle zusammengeschwemmt, von wo sie zur Bahn zurückgeholt werden mussten. Aber auch Schneestürme, durch die große Strecken der Bahn mit einer weißen Hülle umgeben und Wege unbenutzbar gemacht werden, sind keine Seltenheit.

Der Bau der Strecke begann nach Vorbereitung der Wege und nach Anlage der Einschnitte Mitte Oktober 1903. Da, wie gesagt, erhebliche Baustörungen nicht vorkamen, konnte die Einweihung eines Teils der Bahn, von Station I bis Station V, schon im Juli 1904 stattfinden. Die Beendigung des Baues mit Station IX, der Endstation, fiel in den Dezember 1904. Diese kurze Bauzeit ist um so bemerkenswerter, als man häufig in dem Raum, auf welchem gearbeitet werden musste, sehr beschränkt war. An einzelnen Stationen war es häufig nicht möglich, mehr als nur einige Mann zu beschäftigen. Die Anzahl der beim Bau tätigen Arbeiter stieg zeitweilig auf 1200. Auf dem unteren Teile konnte in ganz normaler Weise gearbeitet werden, durchschnittlich 10 – 12 Stunden. Der mittlere Teil erforderte schon eine Einschränkung der Arbeitszeit, während von Station VI an überhaupt nur die Stunden von 8 bis 4 Uhr, solange die Sonne schien, in Betracht kommen konnten. Denn selbst im Sommer, der dort von etwa November bis April dauert, erhebt sich die Temperatur selten über 5 – 6°, in den meisten Fällen bleibt sie unter null, während die mittlere Wintertemperatur −18 bis −20° beträgt. Eine Eigentümlichkeit dieses Hochgebirges ist es nun, dass mit dem Untergehen der Sonne sofort ein eiskalter Wind einsetzt, der jeden Aufenthalt im Freien unmöglich macht. Hierzu kommt noch der Einfluss, den die sehr dünne Luft auf die Arbeitsfähigkeit des Menschen ausübt, so dass die Bauarbeiten in diesen Höhen natürlich viel langsamer fortschritten als auf dem unteren Teil der Strecke.

Diesen außerordentlichen Schwierigkeiten entsprachen auch die Löhne, wie sich aus der folgenden Zahlentafel ergibt. Die weiteren Zahlentafeln geben die Kosten des Mauerwerkes in den verschiedenen Höhen des Gebirges an. Dabei muss aber berücksichtigt werden, dass die Steine, die in vorzüglicher Güte als Granit oder als sehr harter Kalkstein an Ort und Stelle gefunden wurden, nicht in den Kosten der Mauerung einbegriffen sind.

Kosten für 1 m³ Mauerwerk auf Station VII und VIII in 3900 – 4200 m Höhe.

Der Unternehmer stellt nur die Arbeiter; Baustoffe und Aufsicht waren von der Bauverwaltung zu stellen.

Unternehmer	14,50 Mark
Sand	5,40 Mark
200 kg Zement	36,00 Mark
Wasser	1,80 Mark
Bausteine	12,60 Mark
Aufsicht	1,80 Mark
	72,10 Mark

Beförderungskosten für einen Normalziegel während des Bahnbaues von Chileeito nach Upulungos = 38 Pfg.

Löhne.

in 1100 m Höhe Maurer [1] . . . . 6,30 Mark
in 1100 m Höhe Arbeiter [2] . . . . 2,00 Mark
in 3500 m Höhe Maurer . . . . 11,00 Mark
in 4200 m Höhe Maurer [3] . . . . 15,00 Mark
in 4200 m Höhe Arbeiter . . . . 7,20 Mark

Kosten für 1 m³ Mauerwerk.

Nur Arbeitslöhne ohne Baustoffe.

Auf Station II . . . . 9,50 Mark
Auf Station III . . . . 11,70 Mark
Auf Station IV . . . . 12,60 Mark
Auf Station V . . . . 13,50 Mark
Auf Station VI . . . . 14,50 Mark
Auf Station VII . . . . 14,50 Mark
Auf Station VIII . . . . 14,50 Mark

Wie bei allen derartigen Bauten wurden die Arbeiter gemeinsam unter Aufsicht der Bauleitung verpflegt, und zwar derart, dass für jede Gruppe von Arbeitern ein Koch angestellt war, der weiter nichts zu tun hatte, als für die Verpflegung seiner Kameraden zu sorgen.

Während die Lagerplätze, die im unteren Teile der Bahn aus Zeltlagern, im oberen aus gemauerten Hütten *(Abb. 88)* bestanden, längere Zeit an einem Orte verblieben, rückten die Kochplätze mit dem Bau der Bahn weiter, änderten sich also von Tag zu Tag.

---

1) europäische Arbeiter.
2) argentinische Arbeiter.
3) bei nur 2 – 4 stündiger Arbeitszeit am Tag.

Neben den im Land an-
sässigen Arbeitern, meistens
einer zusammengewürfelten
Gesellschaft aus aller Herren
Ländern, vielfach Mischlin-
gen von Schwarzen, Weißen
und Ureinwohnern oder alt
eingesessenen Spaniern und
Portugiesen, kamen haupt-
sächlich Italiener in Betracht,
die sich mit ihrer bekannten
Anpassfähigkeit auch dort

Abb. 88. Arbeiterhütte.

vorzüglich bewährten. Im Übrigen waren die Arbeiter für den
mechanischen Teil der Bahn, Eisenkonstruktionen, Maschinenanlagen, größtenteils hinübergesandte deutsche Schlosser,
die unter Aufsicht mehrerer Monteure und Obermonteure
arbeiteten. Die Leitung des ganzen Baues lag in den Händen
eines Oberingenieurs der bauausführenden Firma.

Die Betriebsorganisation schließt sich in großen Zügen derje-
nigen unserer Normaleisenbahnen an. Der Betrieb wird von
Beamten der argentinischen Regierung geführt. An der Spitze
steht ein Transportinspektor, während die Maschinenanlagen
und die Bahnstrecke einem Maschineninspektor unterstellt
sind. Die an der Strecke beschäftigten Beamten und Unterbe-
amten wohnen auf den einzelnen Stationen, und zwar sind auf
den mit Dampfmaschinen ausgestatteten Stationen, in dort
eingebauten Häusern, untergebracht: ein Stationsaufseher als
Vorstand, ein Maschinist, ein Heizer, ein Telefonist und drei
Arbeiter, die welche ankommenden Wagen übernehmen und
sie dem abgehenden Strang zuweisen, und die gleichzeitig als
Streckenwärter, Seilschmierer usw. tätig sind. Jede Strecke
zwischen zwei Stationen ist in Unterstrecken geteilt, die zur

Beaufsichtigung und Unterhaltung einzelnen Streckenwärtern zugeteilt sind und jeden Tag von den betreffenden Leuten begangen oder befahren werden müssen.

Der Betrieb ist in ähnlicher Weise wie bei Kleinbahnen geregelt. Ehe die Bahn, und zwar von oben, von Station IX ab, in Betrieb gesetzt wird, haben sich sämtliche Stationen nacheinander darüber zu verständigen, dass die auf den einzelnen Strecken vorhandenen Wagen von den Stationen aufgenommen und weiter befördert werden können, mit anderen Worten, dass die Strecken freigemacht werden. Sobald dies der Fall ist, werden von der obersten Station mit geringer Geschwindigkeit und etwas verminderter Belastung die ersten Erzwagen auf die Strecke gelassen; Geschwindigkeit und Belastung steigern sich von selbst, bis die normale Besetzung der Strecke und die höchste Geschwindigkeit erreicht ist. Dieses allmähliche Anfahren überträgt sich mit Hilfe der in entsprechenden Pausen ankommenden Wagen auf die folgenden, weiter unten liegenden Stationen. Ist dann die ganze Strecke von oben bis unten mit Wagen gleichförmig besetzt, so geht der Betrieb fast ganz selbsttätig vor sich. Die auf den Stationen zu leistenden Arbeiten, das Überschieben der Wagen von dem einen Seil auf das andere, sind ganz geringfügig. Die auf der Entladestation ankommenden Wagen werden in die Füllrümpfe entleert und möglichst sofort mit den nach oben zu befördernden Materialien gefüllt, da man darauf sehen muss, die hinaufzuschaffenden Güter dann zu transportieren, wenn die Bahn von oben nach unten voll belastet ist; denn in diesem Fall wird durch den Rücktransport ein Teil des Kraftüberschusses aufgenommen. Die einzelnen Stationen werden verständigt, welche Güter für sie bestimmt sind, so dass die entsprechenden Wagen auf den Zwischenstationen herausgezogen und auf den seitlichen Abstellgleisen entladen werden können. Die auf diesen Stationen entleerten Wagen werden in der Richtung nach oben wieder auf die Strecke geschickt, so dass sich sämtliche Wagen wieder in der obersten, der Beladestation, zusammenfinden. Die Sonderwagen für Eisen und Langholz sind natürlich in Chilecito stationiert und gehen nach Gebrauch immer dorthin zurück, während die Wasserwagen auf Station IV beheimatet sind, bis wohin Wasserversorgung durch Gebirgs-Quellwasser möglich ist, und woselbst sich eine Füllstation für die Gefäße befinde. Die Personenwagen, die gleichzeitig zum Befahren der Strecke für die Revision dienen, befinden sich je nach Bedarf in den Ausziehgleisen der einzelnen Stationen. Die Geschwindigkeit des Zugseiles beträgt, wie erwähnt, 2,5 m/s. Die Wagen haben auf den einzelnen Stationen gar keinen Aufenthalt, sie fahren mit ihrer Ankunftsgeschwindigkeit hindurch. Es ergibt sich demnach eine Gesamtfahrzeit für die 36 Kilometer der ganzen Bahn von rd. 4 Stunden. Für Personenfahrten wird die Geschwindigkeit etwas, auf etwa 1,5 m, ermäßigt. Das gesamte rollende Material einschließlich der Sonderwagen umfasst 640 Wagen mit einer stündlichen Leistung von 40 t.

An besonderen Einrichtungen, die zur Unterstützung des Betriebes dienen, sind außer den kleinen Reparaturwerkstätten auf den einzelnen Stationen, die nur Schraubstock und Handwerkzeug enthalten, auf der obersten Station bei den Upulungos-Minen und auch in Chilecito größere Reparaturwerkstätten vorhanden, die mit Drehbänken und Bohrmaschinen ausgerüstet sind; in Chilecito ist mit der Reparaturwerkstätte ein Materialienlager verbunden.

Die Einweihung der Teilstrecken hat am 4. Juli 1904 und die Inbetriebsetzung am 1. Januar 1905 stattgefunden. So weit sich bis jetzt überblicken lässt, haben sich alle Berechnungen und Annahmen – denn um mehr konnte es sich ja bei dem Entwurf der Anlage nicht handeln – als zutreffend erwiesen. Namentlich die vorgesehenen vertragsmäßigen Leistungen in beiden

Richtungen werden nicht allein vollständig erreicht, sondern sogar noch wesentlich überschritten. Die Betriebskosten stimmen sehr gut mit den aufgestellten Berechnungen überein.

Während der letzten zehn Jahre betrugen die Beförderungskosten des Erzes von den Gruben nach den Hüttenwerken 45,00 bis 62,50 Mark für eine Tonne, durchschnittlich etwa 50 Mark. Die größte Menge, die unter günstigen Bedingungen im Monat versandt wurde, wird mit 500 t angegeben; durchschnittlich gelangten in den Sommermonaten 350 t zur Versendung, während der Wintermonate aber viel weniger, weil keine genügende Weide für die Maultiere vorhanden war; denn vom Juli bis zum Oktober wächst kein Gras in den höheren Berggegenden.

Es ist selbstverständlich, dass die Bahn in der ersten Zeit nicht ständig mit ihrer größten Leistung betrieben werden kann, da der Ab- und Ausbau der Minen nur ziemlich langsam voranschreitet und es wohl noch einige Zeit dauern wird, bis die Produktion der Kupfer- und Silberbergwerke derart gestiegen ist, dass die Bahn, wie vorgesehen, mit 24-stündigem Vollbetrieb arbeiten kann. Gleichwohl lässt sich aber ein Überblick über die Betriebs- und Transportkosten gewinnen. Aus der folgenden Zahlentafel ergeben sich die Transportkosten bei den verschiedenen Belastungsstufen. Wie ferner aus dieser Zahlentafel ersichtlich ist, betrug die Maultierfracht seither rd. 50 Mark pro Tonne, was, der geradlinigen Entfernung zwischen den Minen und Chilecito entsprechend, etwa 1,35 Mark pro Tonne und Kilometer bedeutend, während bei vollem Betrieb der Drahtseilbahn die Kosten des Tonnenkilometers auf etwa 15 Pfg. heruntersinken werden. Mit diesem Preis und den für den Transport nach den Verschickungshäfen Rosario oder Buenos Aires hinzuzurechnenden Frachtzuschlägen werden aber nicht allein die in Chilecito erschmolzenen Rohmetalle, sondern auch schon die Erze vollständig wettbewerbsfähig.

Frachtsätze für Erze von Upulungos nach Chilecito pro t.

mit Maultieren früher . . . . 50,00 Mark

Mit der		5 t . . . 25,00 Mark
Drahtseilbahn		10 t . . . 16,60 Mark
bei stündlicher		20 t . . . 11,45 Mark
Leistung von		40 t . . . 5,30 Mark

Alles in allem kann dieser von der argentinischen Regierung in großartigem Maßstab gemachte Versuch, das vor einem natürlichen Hindernis zum Halten gekommene Staatseisenbahnnetz durch Anfügen von Drahtseilbahnstrecken zu erweitern und damit nicht allein das Eisenbahnnetz nutzbringender zu gestalten, sondern weite, bis dahin brachliegende Länderstrecken der Kultur zu erschließen, als vollkommen und über alle Erwartungen geglückt angesehen werden. ❐

Eine neue Personenschwebebahn bei Bozen

VEREIN DEUTSCHER INGENIEURE • 28.12.1912

Die vor kurzem fertiggestellt Bahn steigt vom Eisack aus 850 m auf die Hochebene des Bauernkohlerns empor, wobei die Tragseile, die 1650 m lang sind, von zwölf kräftigen eisernen Stützen getragen werden. An derselben Stelle stand vor einigen Jahren eine Lasten-Drahtseilbahn, die späterhin die Konzession zur Beförderung von Personen für die Zeit von etwas über einem Jahr erhielt, die aber, da sie den heutigen Ansprüchen mangels genügender Fang- und Bremsvorrichtungen nicht entsprach, ihren Betrieb einstellen musste. Diese Bahn hatte hölzerne Stützen und nur je ein Tragseil für den aufsteigenden und den absteigenden Wagen, konnte also den modernen Anforderungen an die Sicherheit der Konstruktion nicht genügen. Sie wurde daher niedergerissen und durch die neue Bahn ersetzt, die nach dem Bleichertschen System erbaut ist.

Auf der Strecke verkehren im Pendelbetrieb zwei Wagen, die außer dem Wagenbe-

Abb. 89. Wagen bei der Einfahrt in die Kopfstation.

gleiter je 15 Personen fassen. Ein Wagen steigt zu Berg, während der andere zu Tal fährt. Dabei ist jeder Wagen mit einem genügend langen Gehänge aus Nickelstahlblech an einem Laufwerk aufgehängt, so dass die Trag- und Zugseile nicht, wie es beispielsweise beim Wetterhorn-Aufzug vorkommt, in den Wagenkasten selbst einschneiden. Die Kabine hat daher eine ungeteilte gefällige Form ohne störende Zwischenwand in der Mitte. Jedes Laufwerk fährt mit acht Rollen auf zwei Stahl-Tragseilen von rd. 44 mm Durchmesser und wird durch zwei Zugseile gezogen, die über die Rollen der oberen Station hinaus die beiden Wagen miteinander verbinden. Zum Gewichtsausgleich sind unterhalb der Wagen je zwei Ballastausgleichsseile angebracht. Schwingungen des Wagenkastens in der Bahnebene werden durch eine Dämpfungsbremse gemil-

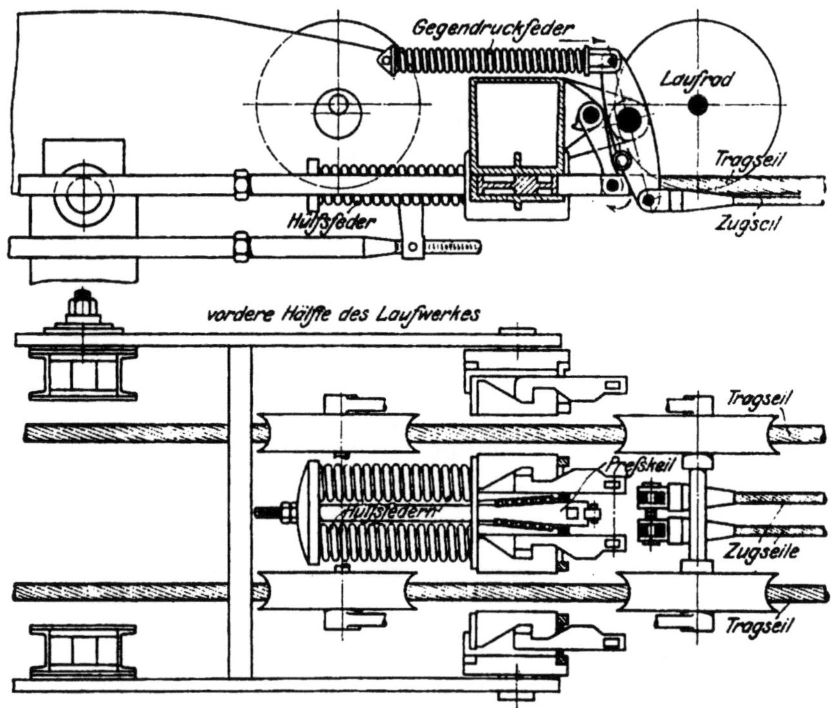

Abb. 90. Schema der Fangvorrichtung im Laufwerk für Personenwagen.

dert. Bei den Probefahrten hat sich herausgestellt, dass diese Schwingungen selbst beim Überfahren über die Tragschuhe an den Stützen infolge der langen Aufhängung des Wagenkastens so gering sind, dass sie von den Fahrgästen nicht bemerkt werden. Die kleinen Pendelschwingungen quer zur Bahnachse

Abb. 91. Laufwerk mit abgenommenen Rollenschutzkappen.

machen die Tragseile mit den Wagen mit, da sie nicht fest, sondern quer zur Bahnachse beweglich mit den Schuhen in einem Wälzlager auf den Stützen verlagert sind. Die Gefahr, dass sich die Rollen des Laufwerkes an den Stützen von den Tragseilen abheben und so entgleisen können, ist demnach vollkommen behoben.

Der erste Grundsatz bei der Ausarbeitung dieser Bauart war der, dass alle Teile, die für Leben und Gesundheit der Fahrgäste von Bedeutung sind, doppelt vorhanden sein sollten. Es sind demnach jederseits zwei Tragseile, zwei Zugseile, außerdem zwei voneinander unabhängige Bremsen in den Endstationen, zwei voneinander unabhängige mit vier Fangbremsen versehene Fangeinrichtungen im Laufwerk und zwei ebenfalls von-

Abb. 92. Laufwerk von unten gesehen, auf dem Prüfstand in der Fabrik.

einander unabhängige Signaleinrichtungen auf der Strecke und zwischen den Endstationen vorhanden. Theoretisch und praktisch genügt für die volle Betriebssicherheit einer Drahtseilschwebebahn ja ein Tragseil, sofern es genügend stark ist, weil eine Überlastung es einerseits verankerten und anderseits durch ein anhängendes unveränderliches Gewicht gespannten Seiles nicht eintreten kann. Bei Personenschwebebahnen muss man jedoch ein übriges tun und von diesem bei Lastenbahnen üblichen Prinzip

Abb. 93. Antrieb der Zugseile in der oberen Station.

abgehen, da doch einmal durch irgendwelche äußeren oder inneren Einflüsse ein Seil reißen könnte. Wenn dann die Personenschwebebahn nur mit einem Seil ausgerüstet ist, so ist der Absturz der Wagen unausbleiblich, während bei Ausrüstung mit jederseits zwei Tragseilen von gleicher, für die volle Last bemessener Stärke beim Bruch des einen Seiles das andere vollgültig trägt. Auch die Rücksicht auf Sicherheitsgefühl, mit dem sich der Fahrgast der Schwebebahn anvertrauen soll, verlangt doppelte Tragseile.

Die Brems- und Fangvorrichtungen des Wagens sind aus *Abb. 90 – 92* zu erkennen. Sie sind in dem gussstählernen Mittelstück jedes Laufradträgers untergebracht. Die Bremsbacken werden durch Federn betätigt, wobei jede Feder doppelt vorhanden ist, so dass die Wirksamkeit jeder der beiden Bremsvorrichtungen von dem etwaigen Bruch einer Feder nicht beeinträchtigt wird. Federn wurden gewählt, weil Fallgewichte bei steileren Bahnen hierfür nicht in Frage kommen können, denn der Unterschied zwischen der Fallgeschwindigkeit des Bremsgewichtes und der senkrechten Komponenten der Fallgeschwindigkeit des Wagens werden um so kleiner, je steiler die Bahn ist. Er ist gleich null bei lotrechten Aufzügen. Daher werden bei diesen durchweg Federn für die Betätigung der Bremsen und Fangvorrichtungen benutzt. Aber auch bei steileren Schwebebahnen hat sich die Verwendung eines Fallgewichtes für die Wagenbremsen als unzweckmäßig herausgestellt. Den Beweis hierfür liefert der Wetterhorn-Aufzug, bei dem man sich nach langen Versuchen zum Einbau von Federn in die Fangvorrichtungen entschloss und erst hierdurch befriedigende Ergebnisse erzielte. An den Bremsfedern der Kohlernbahn greifen die Zugseile mittels Hebelübersetzung an und halten sie so in Spannung. Die beiden Bremsvorrichtungen sind unabhängig voneinander. Sie treten von selbst in Tätigkeit, sobald ein oder beide Zugseile reißen oder ein Tragseil reißt oder in seiner Spannung beträchtlich nachlässt. Sobald der Wagen aufwärts oder abwärts die normale Geschwindigkeit überschreitet, fallen die Fangvorrichtungen ebenfalls von selbst ein, und zwar dadurch, dass ein Flieh-

Abb. 94. Unterer Teil der Strecke von Stütze 8 bis 12 mit der Fußstation.

kraftregler die Spannung der Federn ausrückt. Beide Bremsen können aber außerdem von dem Wagenführer mit der Hand eingerückt werden, sobald irgendein Hindernis die Fahrbahn sperrt. Das Einfallen der Fangvorrichtung bewirkt gleichzeitig das Ausschalten des Antriebmotors in der Antriebstation oben auf dem Berge. Die dort doppelt vorhandenen selbsttätigen Bremsvorrichtungen treten in Tätigkeit, sobald die Fahrgeschwindigkeit überschritten wird, sobald eines oder beide Zugseile oder ein Tragseil in der Spannung wesentlich nachlässt und sobald der Strom ausbleibt. Sie können außerdem ebenso wie die weiterhin vorgesehene Handbremse mit der Hand eingelegt werden. Im Triebwerk sind alle wesentlichen Teile, namentlich die Zahnräder, doppelt vorhanden, so dass auch hier bei Bruch Betriebsstörungen ausgeschlossen erscheinen. *Abb. 93* zeigt den Antrieb für die Zugseile der Bahn hinter dem Maschinistenstand in der Kopfstation.

Die Bahn wird mit Gleichstrom betrieben, und zwar ist in der Antriebstation eine Pufferbatterie eingebaut, die dem Hauptstrom parallel geschaltet ist, so dass der Betrieb beim

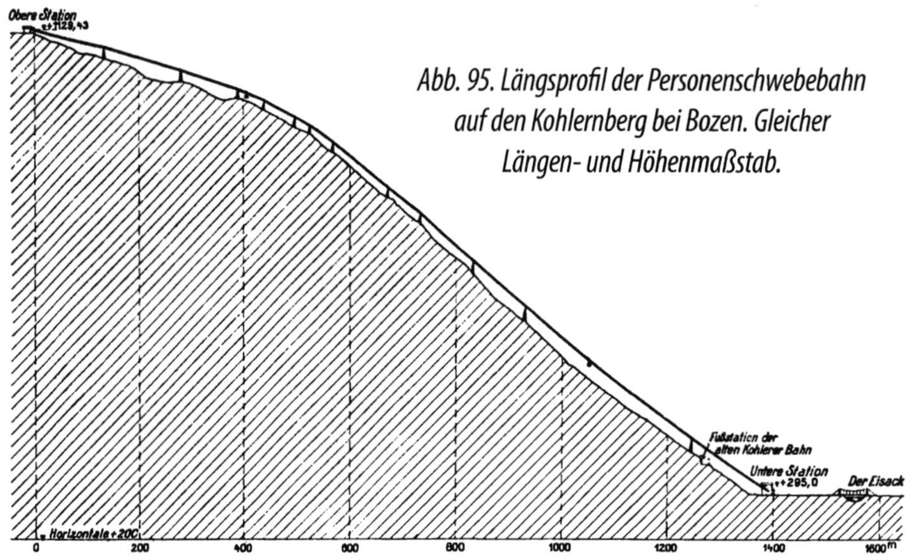

Abb. 95. Längsprofil der Personenschwebebahn auf den Kohlernberg bei Bozen. Gleicher Längen- und Höhenmaßstab.

Ausbleiben des Hauptstromes durch die Pufferbatterie aufrechterhalten werden kann, die so groß ist, dass sie allein den Betrieb stundenlang zu übernehmen vermag. Daher zwingt eine Betriebsstörung im Kraftwerk oder an der Überlandleitung die Fahrgäste nicht zu einem unbeabsichtigten Verweilen auf dem Berg oder in den Kabinen.

Um jede Möglichkeit einer Betriebsstörung auszuschließen, ist ferner die Einrichtung getroffen, dass der Wagen beim Bruch oder beim Schlaffwerden eines Zugseiles bei verminderter Fahrge-

Abb. 96. Besetzter Wagen auf dem steilsten Teil der Strecke.

schwindigkeit mit dem zweiten Zugseil bis in die Station hineingezogen werden kann, sobald die Fangbremsen gelöst sind. Sollte in einem solchen Fall aber gleichzeitig die Antriebmaschine einmal versagen, so ist eine Handwinde vorhanden, mittels deren die Wagen in die Station befördert werden können. Für den allerungünstigsten Fall, d.h. beim Versagen sämtlicher maschineller Einrichtungen und demnach bei Festliegen des Wagens auf freier Strecke muss immerhin ein Hilfsmittel gegeben sein, um die Fahrgäste ungefährdet aus den Wagen auf den Erdboden zu befördern. Zu dem Zweck ist in einem Kasten ein steifer Sack aus Leinen angebracht, in dem mittels einer Leine die einzelnen Personen durch eine Klappe im Fußboden des Wagens herabgelassen werden können. Die Leine ist durch eine Bremsöse gezogen. In Anbetracht der sonstigen Sicherheitsmaßnahmen, die das Maß der bei normalen bodenständigen Seilbahnen üblichen weit übertreffen, ist aber kaum anzunehmen, dass diese Einrichtung jemals in Tätigkeit treten wird; sie bildet eben nur ein Hilfsmittel für den äußersten Notfall.

In den Endstationen sind außerdem Einrichtungen vorgesehen, die ein Überfahren des Wagens über die Endstellung ausschließen; falls nämlich der Wagen nicht rechtzeitig vom Maschinisten angehalten wird, setzt er durch Anstoßen an Anschläge den Antriebsmotor still und schaltet so die Hauptbremse ein. Infolge einer besonderen Schaltung kann dann der Antrieb nur in der anderen Richtung wieder angelassen werden, so dass ein weiteres Überfahren der Endstellung des Wagens zuverlässig ausgeschlossen ist. Die Signale und Betriebseinrichtungen sind so miteinander verbunden, dass ein Wagen erst dann abfahren kann, wenn die Signale richtig gegeben und richtig zurückgegeben worden sind. Die Verständigung erfolgt im übrigen durch Fernsprecher und Lichtsignale, nur im Notfall durch akustische. Längs der Strecke ist außerdem ein Fernsprechdraht ausgespannt, der vom Wagenführer von jeder Stelle aus mittels einer Stange leicht erreicht werden kann. Durch Berührung dieses Drahtes und Ver-

Abb. 97. Stütze Nr. 8 auf halber Strecke mit den einander begegnenden Wagen.

bindung desselben mit dem Wagen gibt der Wagenführer das Haltzeichen und ist dann in der Lage, sich mit den Endstationen oder mit dem anderen Wagen zu verständigen.

Abb. 89 zeigt einen Wagen bei der Einfahrt in die Kopfstation und lässt die treppenförmige Ausgestaltung des Bahnsteigs erkennen, die den Fahrgästen ein bequemes Aus- und Einsteigen ermöglicht. Die Kabinen können durch wenige Handgriffe von dem Gehänge gelöst und durch eine vergitterte Plattform für Lastenförderung ersetzt werden, um so während der Nacht und in den frühen Tagesstunden Lebens- und Genussmittel sowie Baustoffe auf die Höhe des Berges zu schaffen.

Abb. 98. Große Spannweite auf der unteren Strecke mit der Endstation im Tal.

Die Bahn, die namentlich auf ihrem unteren Teil, große Spannweiten und sehr starke Steigungen bis zu 42°, in der Mitte der Strecke unter Berücksichtigung des Durchhanges sogar 107 % Steigung aufweist, wurde in der kurzen Frist von 1½ Jahren erbaut. Die Brems- und Fangversuche sind mit gutem Erfolg ausgeführt worden. Zunächst wurden die Laufwerke in der Fabrik auf einer schrägen Strecke *(vgl. Abb. 92)* Fangversuchen unterworfen, wobei der Rückfall aus der Ruhestellung nach dem Kappen der Zugseile bis zum Festhalten des Wagens durch die Fangvorrichtungen an den Tragseilen 50 mm betrug. Die auf der Bahn selbst wiederholten Fangversuche lieferten gleiche Ergebnisse, indem der Wagen mit dem

Ziehen der Handbremse, also bei der Auslösung der Fangvorrichtung, sofort stand, ohne dass ein für den Fahrgast bemerkbarer Rückfall eintrat. Auch mit den Bremsvorrichtungen in der Antriebstation wurden eingehende Versuche gemacht, die ebenfalls befriedigende Erfolge lieferten. Die Fangbremsen, das Laufwerk und die Tragseile werden von einer am Gehänge des Wagens angebrachten bequemen Plattform aus nachgesehen, von der aus man die genannten Teile frei vor sich liegen hat. Bei der Revisionsfahrt kann der Antriebmotor so langsam geschaltet werden, dass der Prüfer mit jeder beliebigen Geschwindigkeit fahren kann und unter Benutzung des auf der Strecke ausgespannten Fernsprechdrahtes sich jeden Augenblick vorwärts oder rückwärts bewegen lassen oder anhalten lassen kann, so dass für die Nachprüfung der Seile alle Sicherheiten gegeben sind. Die Zugseile werden beim langsamen Durchlaufen in der oberen Endstation neben dem Maschinistenstand nachgesehen.

Die Bahn wurde von der Drahtseilbahnfabrik von Adolf Bleichert & Co. in Leipzig und Wien im Auftrage von Josef Staffler, Besitzer des Hotels ›Zum Riesen‹ in Bozen, erbaut.

In *Abb. 95* ist das Längsprofil gegeben, das die große Steigung erkennen lässt; *Abb. 94* zeigt den unteren Teil der Strecke von Stütze 8 bis 12 mit der Fußstation. *Abb. 96* gibt einen besetzten Wagen annähernd auf der steilsten Strecke wieder. *Abb. 97* stellt die auf halber Strecke befindliche Stütze Nr. 8 beim gleichzeitigen Durchgang eines zu Berg und eines zu Tal gehenden Wagens dar. Im Tal selbst ist die Endstation zu erkennen. *Abb. 98* gibt ein Bild von der 400 m langen Spannweite oberhalb der ersten hinter der Station befindlichen Stütze wieder. Die Spannweite zwischen der Endstation im Tal und der auf dem Bild erkennbaren Stütze beträgt 200 m, der Höhenunterschied zwischen der Endstation und dem auf dem Bild befindlichen Wagen etwa 400 m.

Abb. 99. Ein Wagen der Kohlerer Bergbahn
auf der großen Spannweite von 400 m
oberhalb der Talstation,

Abb. 100. Ein Wagen an der höchsten Stütze der Bahn, 27 m über Gelände.

Dipl.-Ing. Hans Wettich

Personen-Schwebebahn auf den Kohlerer Berg bei Bozen

(System Bleichert & Co.)

DEUTSCHE BAUZEITUNG ◆ 22.3.1913

In nächster Zeit wird in unmittelbarer Nähe von Bozen eine Schwebebahn zur Beförderung von Personen dem öffentlichen Verkehr übergeben, die an derselben Stelle erbaut ist, an der in der Zeit von 1908 bis 1910 eine primitive Schwebebahn mit Holzstützen stand, die ebenfalls zur Beförderung von Personen diente. Die alte Bahn führte mit einer Länge von etwa 1500 m zur Höhe des Kohlerer Berges und überwand eine Steigung von etwa 740 m. Sie besaß zwei Fahrbahnen, die aus je einem Tragseil bestanden. Im oberen Drittel der Strecke macht das Gelände einen scharfen Knick; hier befanden sich bei der alten Bahn drei leichte eiserne Stützen. Auf jeder Bahnseite verkehrte ein Wagen für vier Personen, der an vierräderigen Laufwerken nicht pendelnd aufgehängt war. Bewegt wurden die Wagen durch ein Zugseil, das über die obere Station geführt war und sich über die untere Station durch ein Ballastseil fortsetzte, wobei der Antrieb von der unteren Station durch das Ballastseil vermittelt wurde. Als einzige Sicherheitseinrichtung war neben dem Zugseil ein zweites gleichartiges Seil als Fangseil angebracht, das im normalen Betrieb mitlief, aber nicht arbeitete und sich über die untere Station ebenfalls in einem Ballastseil fortsetzte.

Namentlich die Verwendung hölzerner Stützen und der Mangel jeglicher Sicherheitsvorrichtungen an den Wagen haben wohl die vorgesetzten Behörden veranlasst, im Jahr 1910 die Betriebseinstellung der Bahn zu verfügen. Doch war die Benutzung der Bahn in dem kurzen Zeitraum von 1½ Jahren, während dessen die Konzession für Personenbeförderung bestand, so hoch – rund 105 000 Personen waren befördert worden –, dass sich der Besitzer, der Hotelier Staffler in Bozen, sofort entschloss, an Stelle der alten eine allen modernen Ansprüchen genügende neue Bahn zu erbauen.

Für diese neue Bahn wurde das Bleichertsche System gewählt. Ihre untere Station befindet sich etwa 100 m unterhalb der Fußstation der alten Kohlererbahn, auf einer Höhe von etwa 295 m über dem Meer und in einer Entfernung von etwa 150 m vom Eisack. Dann steigt die Bahn, vgl. das Längsprofil in *Abb. 95 u. 101*, welche die untere Station wiedergibt, über 12 Stützen bis zur oberen Station und überwindet hierbei 840 m Höhenunterschied. Die Kopfstation, die den Antrieb enthält, liegt auf dem Plateau des Bauernkohlern in einer Höhe von 1129 m über dem Meer. Die schräge Länge der Bahn beträgt etwa 1650 m. Die 12 Stützen bestehen sämtlich aus Eisen *(Abb. 102 u. 103)* und sind auf schweren Beton-Fundamenten verankert oder, wo fester Porphyrfels vorhanden war und ohne weiteres eine Verankerung zuließ, durch

Abb. 101. Untere Strecke mit Fußstation.

Steinschrauben mit dem Felsen verbunden. Auf dem unteren steilen Streckenteil sind die Stützen in größeren Abständen angeordnet, so dass hier u. a. eine Spannweite von etwa 400 m vorkommt *(vgl. Abb. 99)*, die auf der oberen Seite durch eine Stütze von 27 m Höhe begrenzt wird *(vgl. Abb. 100)*. Im oberen Teil der Strecke befindet sich der schon erwähnte Geländeknick *(Abb. 95 u. 103)*, der mit einem Stützenübergang von 5 Stützen überbrückt wurde, so dass die neue Bahn hier eine schlanke Kurve in der lotrechten Ebene beschreibt, ohne dass Stöße und Erschütterungen des Wagens auftreten, die bei der alten Kohlererbahn mit der Überfahrt über diesen Punkt verbunden waren. Die größte Steigung der neueren Kohlererbahn beträgt 42°, unter Berücksichtigung des Durchhanges der Tragseile sogar 107 %. Nach oben zu nimmt dann die Steigung allmählich ab. Die neue Kohlererbahn besitzt ebenso wie die alte zwei Fahrbahnen, auf deren jeder ein Wagen verkehrt, wobei die Wagen wieder über die obere Station durch Zugseile miteinander verbunden sind. Jede Fahrbahn ist bei der neuen Kohlererbahn jedoch aus zwei Tragseilen von je 44 mm Durchmes-

Abb. 102. Fertige Stütze auf dem steilsten Teil der Strecke ungefähr in der Mitte der Fahrbahn.

Abb. 103. Der Stützen-Übergang über den Geländeknick im oberen Drittel Bahn.

ser gebildet,die in der oberen Station verankert sind und in der unteren durch freihängende Spanngewichte so gespannt werden, dass die Sicherheit eines jeden Seiles gegen Bruch fünffach ist. Da nun zwei Seile vorhanden sind, so ist die Gesamtsicherheit der Fahrbahn gegen Bruch eine zehnfache. Jeder Wagen wird durch zwei Zugseile gezogen, die in gleicher Weise gespannt sind und an der Arbeitsübertragung teilnehmen. Über die untere Station sind die beiden Wagen

Abb. 104. Bleichertscher Doppeltragschuh für die Tragseile, mit Seitenbeweglichkeit.

durch zwei Ballastseile miteinander verbunden, die durch freihängende Spanngewichte angezogen werden and auf diese Weise eine immer gleiche Spannung in den Zugseilen hervorrufen. Die Tragseile werden auf den Stützen von Wälzlager-Tragschuhen getragen. Es ist das eine eigenartige Auflagerkonstruktion, bei der die Tragschuhe für die Seile nicht nur eine Bewegung in der Längsrichtung der Bahn zulassen und so ein durchaus stoßfreies Überfahren der Stützen gewährleisten, sondern die beiden miteinander verbundenen Tragschuhe der Seile gestatten auch dank

Abb. 105. Das Einsteigen in einen Wagen in der Talstation. Ansicht des Wagenkastens.

einer Wälzlagerplatte eine Quer-Pendelbewegung des ganzen
Seilsystems, so dass einseitige Wagenbelastung, der Einfluss
des Windes, etwaige Überspannung eines der beiden Tragseile
und Quer-Pendelbewegungen des Wagens unter Beseitigung
jeder Entgleisungsgefahr von den Tragschuhen aufgenommen
werden. Mit diesen Wälzlager-Tragschuhen hat die Erbauerin
der neuen Kohlerer Schwebebahn, die Drahtseilbahn-Fabrik
von Adolf Bleichert & Co. in Leipzig, in glücklicher Weise alle
die Aufgaben gelöst, die das Problem einer von Stützen getra-
genen Fahrbahn aus zwei Tragseilen stellt.

Abb. 104 gibt ein Bild des Auflager-Tragschuhs von der Seite gesehen wieder. Vorn und hinten sind an demselben die
Tragrollen für die Zugseile und Ballastseile angebracht, welche Seile ungefähr in Höhe
der Wagenlaufrollen an dem
Laufwerk angreifen. Durch
diese Anordnung ist die Rad-
belastung ständig gleich, auch
bei den verschiedenen Steigungen der Bahn.

Der Wagen der Kohlerer-
bahn besteht aus dem Laufwerk, Gehänge und dem Wa-
genkasten *(s. Abb. 105)*. Das
Laufwerk besitzt einen mittleren Träger, der das Gehänge aufnimmt und zwei Rad-
sätze zu je vier Rollen, auf die
es sich beweglich aufstützt.
Innerhalb der Radsätze befinden sich die beiden Fangvorrichtungen, eine vorn und
eine hinten am Laufwerk, die

Abb. 106. Revision der Seile von der Plattform
am Gehänge.

bei etwaigem Zugseilbruch oder bei sonstigen Störungen auf der Strecke den Wagen an den Tragseilen festklemmen sollen. Das Gehänge ist aus Nickelstahlblech hergestellt und so eingerichtet, dass bei Tragseilbruch das gebrochene Tragseil von dem Wagen weggeleitet wird. Der Wagenkasten selbst ist aus Aluminium und Edelhölzern hergestellt, und mit großen Aussichts-Spiegelglasfenstern versehen. Er hat vorn und hinten je eine Plattform, in dem geschlossenen Mittelraum eine Anzahl Sitzplätze für die Fahrgäste. Insgesamt kann die Kabine 16 Personen aufnehmen. Am Gehänge ist noch eine weitere Plattform angeordnet, die zur Revision der Seile auf der Strecke dient *(Abb. 106)*.

Das Laufwerk allein ist in *Abb. 91* wiedergegeben, aus der namentlich auch die Verbindung der beiden Fangbremsen erkennbar ist. Diese sind voneinander vollständig unabhängig, wobei die eine von der anderen nur durch eine Verriegelung in gesperrtem Zustand gehalten wird *(Abb. 90)*. Jede Fangvorrichtung arbeitet mit je zwei Klemmbacken auf jedes der beiden Tragseile. Mit diesen Fangvorrichtungen sind auf dem Bremsversuchsstand der Fabrik seinerzeit Fangversuche gemacht worden, die folgende Ergebnisse hatten: Fallweg nach dem Kappen der Zugseile bis zum Anschluss der Bremsbacken an die Tragseile: 35 mm; Bremsweg von Anschluss der

Abb. 107. Der Antrieb in der oberen Station.

Fangbacken an das Tragseil bis zum vollständigen Stillstand des Wagens: 15 mm. Dieser außerordentlich kurze Bremsweg kann bei Personenschwebebahnen unbedenklich zugelassen werden, da die Geschwindigkeit derselben im Höchstfall 2 m/s beträgt und in Zukunft nur bis zu 3 m/s gesteigert werden dürfte. Bei den an Ort und Stelle von den Erbauern wiederholten Fangversuchen haben sich dieselben guten Ergebnisse gezeigt. Das gilt auch von den behördlichen Kollaudierungsversuchen, beispielsweise von denjenigen am 12. März 1913.

Abb. 108. Wagen über dem Treppenförmigen Bahnsteig in der oberen Station.

Jede der beiden Fangvorrichtungen ist für die volle Bremslast berechnet; außerdem ist jede der Fangvorrichtungen mit doppelten Federpaaren ausgerüstet, so dass beim Versagen einer Feder oder eines Federpaares das andere Federpaar sicher die Fangvorrichtung zur Wirkung bringen kann. Beim Einfallen der Fangvorrichtung übertragen die Zugseile einen erhöhten Zug auf die Antriebsmaschine, durch den der Maximalausschalter in der Endstation zum Ausspringen gebracht wird, so dass der Antrieb sofort stillsteht. In die Fangvorrichtung ist außerdem eine Schleuderbremse eingebaut, die bei unzulässig hoher Fahrgeschwindigkeit des Wagens die Fangvorrichtung zum Einfallen bringt und somit eine weitere Erhöhung der Sicherheit herbeiführt.

Von dem am Gehänge angebrachten Podest aus lässt sich die Revision der Tragseile mit größter Bequemlichkeit vornehmen *(vgl. Abb. 106)* umso mehr, als die Einrichtung in der Endstation so getroffen ist, dass der Antrieb mit jeder beliebigen Geschwindigkeit, von null bis zur Höchstgeschwindigkeit, arbeiten kann.

Für die Seilrevision wesentlich ist der in der Mitte der beiden Fahrbahnen auf der Strecke verlegte und vom Wagen mit einer Stange leicht erreichbare Telefondraht, der dem Wagenführer jederzeit eine telefonische Verbindung mit beiden Endstationen gestattet und somit erlaubt, die Weisungen des Seilrevisors unverzüglich weiterzugeben.

Von der oberen Station aus erfolgt der Betrieb der Bahn durch Gleichstrom, wobei eine Puffer-Batterie mit dem Hauptstrom parallel geschaltet ist, so dass nach etwaigem Ausbleiben des Hauptstromes der Bahnbetrieb noch stundenlang aufrechterhalten werden kann. Irgendeine Störung in der Hauptleitung oder in der elektrischen Zentrale zwingt daher die Fahrgäste nicht zu einem unfreiwilligen Verweilen in den Stationen oder auf der Strecke. Der Antrieb ist in *Abb. 107* wiedergegeben. Die Zugseile laufen, wie links oben zu erkennen ist, zwischen den beiden abgelenkten Tragseilen in die Stationen über schwebend aufgehängte Rollen ein und werden dann über die Zugseil-Antriebsrollen geleitet. Außer dem maschinellen Antrieb ist ein Handantrieb vorhanden, der

Abb. 109. Ausfahrt eines Wagens aus der Fußstation.

beim etwaigen Versagen des Motors eintreten kann. Neben dem Maschinenstand befinden sich die Handgriffe für die Betätigung der beiden Hauptbremsen, die automatisch bei Störungen auf der Bahn einfallen, also namentlich beim Nachlassen der Spannung eines der vier Tragseile oder beim Nachlassen der Spannung der Zugseile oder bei der Ausschaltung des Antriebs infolge erhöhten Zuges von der Strecke aus; sie können aber auch von Hand

Abb. 110. Einfahrt eines Wagens in die Bergstation.

betätigt werden. Sobald der Hauptstrom von der Kraftzentrale, dem Elektrizitätswerk Zwölfmalgreien, ausbleibt, fallen die Hauptbremsen ebenfalls ein. Weiterhin ist eine Geschwindigkeits-Bremse vorhanden, die den Hauptantrieb auslöst, sobald die Fahrgeschwindigkeit des Wagens zu groß wird. Dann ist eine Einrichtung vorgesehen, die den Hauptantrieb still setzt, sobald der einlaufende Wagen über die Endstation hinausfahren sollte. In der unteren Station befinden sich nur die Spanngewichte für Zug-, Ballast- und Tragseile. Beide Stationen sind miteinander telefonisch und durch Signalleitung verbunden. Das Abfahren der Wagen kann erst erfolgen, wenn sich die Stationen durch optische und akustische Signale (gelbe und rote Lampen und Läutewerke an den Signaltafeln) miteinander verständigt haben und wenn die Signale bestätigt sind.

Von besonderen Einrichtungen der Bahn sind die Lastenkabinen zu nennen, deren zwei vorhanden sind, die in der Regel in der unteren Station abgesetzt stehen und mittels einer Schiebebühne gegen die Personen-Kabinen ausgewechselt werden können. Die Lasten-Kabinen werden während der Nachtzeit und während der Zeit vor Betriebsbeginn angeschlossen, um mit ihrer Hilfe Lebens- und Genussmittel zu den Gasthäusern und Sanatorien auf dem Berg, aber außerdem auch Baumaterialien aus dem Tal auf das Gebirge zu schaffen, das in großem Umfang zur Besiedelung mit Sommer-Wohnungen geeignet ist.

Die Bahnsteige sind in einfacher Treppenform angeordnet. Die Tür der Wagen befindet sich an der Stirnseite, so dass das Publikum ohne weiteres von der Stirnseite des Wagens auf die Treppe herüber treten kann. *Abb. 108* lässt einen Wagen in der oberen Station oberhalb des Bahnsteiges erkennen. *Abb. 101* gibt ein Bild des unteren Teils der Strecke wieder. Ganz im Vordergrund erscheint die Fußstation, die sich in ihrem Architekturstil dem Landschaftsbild einfügt und durch die angebauten Stationsvorsteher-Wohnungen und Restaurations-Lokalitäten, Warteräume usw. eine befriedigende Gliederung erfahren konnte. Von hier steigt die Bahn zunächst steil auf bis zu dem oben erkennbaren Gebirgskamm, von dem aus dann die flachere Steigung ansetzt. *Abb. 109* zeigt die Ausfahrt eines Wagens aus der Talstation; im Vordergrunde ist die Schiebebühne sicht-

Abb. 111. Herstellung der Stützenfundamente auf dem steilsten Teil der Strecke.

bar für die Auswechselung der Personenkabine gegen die Lastenkabine. Oberhalb der Talstation befindet sich die große Spannweite von 400 m. Die *Abb. 99* lässt einen Wagen auf derselben erkennen, während die *Abb. 100* die über der großen Spannweite befindliche 27 m hohe Stütze zeigt. Oberhalb der Stütze ist ein Kranausleger angebracht, der dazu dient, die Tragseile und

Abb. 112. Ausführung der Stützenfundamente.

die Zugseile auf die Stützen aufzubringen. *Abb. 102* zeigt die in der Mitte der Strecke angeordnete Stütze, bei der sich die zu Berg und die zu Tal fahrenden Wagen begegnen. *Abb. 103* zeigt in anschaulicher Weise die Überwindung des Geländeknickes im oberen Drittel der Bahn. Hier sind, wie schon gesagt, fünf Stützen in kurzen Abständen aufgestellt, um auf diese Weise eine Kurve der Tragseile in der lotrechten Ebene zu bilden, die ohne Stoß von den Wagen überfahren werden kann.

Die Wagen bewegen sich hier nur etwa 2 m hoch über dem Erdboden, wie überhaupt die Entfernung der Wagen von dem Erdboden im Allgemeinen keine sehr große ist, so dass die Rettungsarbeiten für den Fall eines längeren Festliegens der Wagen auf der Strecke ebenfalls einfach

Abb. 113. Ausführung der Stützenfundamente. Rechts die Eisenstützen der alten Bahn.

gestaltet werden konnten und durch einen Sack mit festem Boden gelöst wurden, der mittels eines Seils durch eine Öffnung im Fußboden heruntergelassen werden kann. Das Seil ist durch eine Bremsöse gezogen, so dass eine gefahrdrohende Geschwindigkeitssteigerung beim Herablassen von Personen ausgeschlossen ist.

Abb. 110 zeigt die Einfahrt in die obere Station; die Aufnahme ist von unten gemacht, so dass die Linien des Bildes etwas verzerrt erscheinen.

Die Montage der Bahn bot an sich beträchtliche Schwierigkeiten durch die steile Gestaltung des Geländes und durch die schwierige Bearbeitung des Bodens, der fast durchweg aus Porphyrfels bestand. *Abb. 111* zeigt beispielsweise den Teil der Strecke in der Nähe der in Streckenmitte befindlichen Stütze, wo die Fundamente für diese zu errichten waren. Oben und unten sind Holzstützen der alten Kohlererbahn zu erkennen, die während des Baus der neuen Bahn als Lastentransport Bahn benutzt wurde und als solche in sehr erwünschter Weise die Kosten der Montage verminderte. Die Stützen-Fundamente der neuen Bahn haben beträchtliche Größe erhalten *(vgl. Abb. 112 u. 113).* Letztere zeigt die eine Eisenstütze der alten Bahn.

Es wurden mit Hilfe der Montagebahn sämtliche Materialien, wie Beton, Kies, Holz und Wasser an Ort und Stelle transportiert, wobei die Wagen so angeschlossen wurden, dass sie jedes Mal von der Fußstation bis zu einem Stützen-Bauplatz fahren konnten. Auch für den Verkehr der Arbeiter wurde die Montagebahn benutzt *(vgl. Abb. 114).* Nachdem die Fundamente der Stützen fertiggestellt waren, wurden mit Hilfe der Montagebahn die Eisenteile der Stützen auf die Strecke und die Antriebsteile in die Bergstation befördert; sobald die Eisenteile standen, wurden die hölzernen Stützen der Montagebahn niedergerissen und es wurde ein Tragseil provisorisch auf den neuen Eisenstützen verlegt, um auf diese Weise wieder ein Hilfsmittel für den Transport an Hand zu haben.

Im oberen Teil der Strecke konnten die einzelnen Teile der Stützen bequem nach allen vier Richtungen hin ausgestreckt werden, so dass sich hier die Montage der Stützen vereinfachte *(vgl. Abb. 115)*. Im unteren Teil der Strecke war es weniger leicht; hier mussten zu diesem Zweck besondere Podeste aus Holz hergerichtet werden, auf denen die Stützenteile abgelagert wurden, um die Montage zu erleichtern *(vgl. Abb. 116)*. Über die fertigen Stützen wurden dann die Trag- und die Zugseile nach oben befördert.

Die Anlagekosten der neuen Kohlerer Schwebebahn belaufen sich auf etwa 380 000 Mark[1], in welchem Preis allerdings die Grundfläche für die Stationsgebäude nicht mit enthalten ist. Ein wesentlicher Einfluss wird hierdurch aber nicht ausgeübt, da eine

---

1) rd. € 2 000 000 in 2023

Abb. 114. Wagen der Montagebahn an einem Stützenbauplatz.

Abb. 115. Ausstrecken der Montagepfeiler bei der Montage im oberen Drittel der Bahn.

Abb. 116. Holzpodest zum Ausstrecken der Stützenteile. Montage in der steilsten Strecke.

Schwebebahn nur die kleinen Grundflächen für die Stationen und die Stützen-Fundamente benötigt, im Übrigen aber die vorhandenen Grundstücke nicht in Anspruch nimmt.

In der nachfolgenden Tabelle sind die Kosten für die Kohlerer Schwebebahn mit den Anlagekosten für verschiedene Gruppen von Stand-Seilbahnen in Vergleich gestellt. Zunächst sind die Mittelwerte für vier schwere Gebrauchs-Standseilbahnen gegeben, dann folgen die Mittelwerte für 35 Luxus-Standseilbahnen unter 1 km Länge und für 16 Luxus-Standseilbahnen über 1 km Länge. Wie die Tabelle zeigt, weist die Schwebebahn bei weitem die günstigsten Werte auf, trotzdem die Schwebebahn die schwierigste Geländegestaltung von den sämtlichen aufgeführten Bahnen besitzt. Es ist dies leicht erklärlich, da die zahlreichen Kunstbauten der Standseilbahn bei der Schwebebahn fortfallen. Auf der Strecke der Kohlererbahn kamen nämlich nur folgende Bauarbeiten zur Ausführung: Erdaushub 420 m³, Felsenplanieren 314 m³, Schlitze stemmen 30,25 m, Beton für die Fundamente im Mischungs-Verhältnis 1:9 234,5 m³, Verhältnis 1:5 37,5 m³, Trockenmauerwerk zur Einhüllung der Stützen-Fundamente 107,5 m³.

Mittlere Anlagekosten für Bergbahnen in Mark	je km Länge	je Höhenmeter
Gebrauchs-Standseilbahnen:	4 260 000	41 600
Luxus-Standseilbahnen unter 1 km Länge:	690 060	2 530
Luxus-Standseilbahnen über 1 km Länge:	334 000	1 160
Luxus-Schwebebahnen (Kohlererbahn) über 1 km Länge:	251 000	450

Die Kosten für diese Bauarbeiten beliefen sich einschließlich der Summe von 600 Kr. für das Einbetonieren der Anker auf etwa 14 500 Kr. [1]. Die Personen-Schwebebahn hat also, dank ihrer geringen Anlagekosten und der Möglichkeit ihrer schnellen Errichtung (die Kohlererbahn wurde in 1½, Jahren

1) rd. € 60 000 in 2023.

erbaut) eine große Zukunft vor sich, nicht nur bei schwierigen Gebirgen, sondern auch bei ganz normalen Geländeverhältnissen mit geringerer Steigung. Allerdings ist der Fassungsraum der Wagen der zurzeit bestehenden Personenbahnen noch klein, er beträgt nur 16 Personen, dafür ist aber die Arbeitsgeschwindigkeit der Schwebebahnen größer als bei Standseilbahnen, denn die durchschnittliche Arbeitsgeschwindigkeit der Standseilbahnen, auch der neueren elektrisch betriebenen Bahnen dieser Art steigt nicht viel über 1 m/s, während die Kohlerer Schwebebahn mit 2 m/s Arbeitsgeschwindigkeit fährt. Voraussichtlich wird man für die Zukunft die Arbeitsgeschwindigkeit der Schwebebahnen auf 3 m/s steigern, man wird aber auch, dank einiger neueren Konstruktionen in der Lage sein, den Fassungsraum der Wagen, der heute schon für 32 Personen geplant ist, ganz beträchtlich zu erhöhen, so dass man auch bei Personen-Schwebebahnen Wagen für 70 und mehr Personen schon in naher Zukunft wird anwenden können. Damit wird dann ein den Standseilbahnen und Zahnradbahnen mindestens gleichwertiges, wenn nicht überlegenes in allen Fällen aber billigeres Verkehrsmittel gegeben sein. □

Abb. 117. Gesamtbild der Seilschwebebahn bei Rio de Janeiro.

Albert Pietrkowski

Die Seilschwebebahn für Personenbeförderung in Rio de Janeiro

erbaut von der J. Pohlig AG in Köln

VEREIN DEUTSCHER INGENIEURE • 14.6.1913

Die Drahtseilschwebebahnen für Güter sind auch öfter zur Personenbeförderung benutzt worden. Hauptsächlich handelte es sich dabei allerdings um vereinzelte Fahrten der Betriebsleiter zur Untersuchung der Tragseile; aber es gibt auch eine ganze Anzahl Bahnen, die neben ihrer eigentlichen Bestimmung zum Befördern der Arbeiter zu und von der Baustelle dienen. Bei diesen Bahnen, die sich übrigens nur in Ländern mit wenig entwickelter Gesetzgebung zum Schutz der öffentlichen Sicherheit befinden, sind außer an den Wagen, die für den Personenverkehr gebraucht werden, keine besonderen Sicherheitseinrichtungen vorhanden. Als man jedoch in neuester Zeit daran ging, Seilschwebebahnen ausschließlich für Personen zu bauen, war man sich darüber klar, dass die Einführung dieses in vieler Beziehung vorteilhaften Verkehrsmittels in Kulturländern hauptsächlich davon abhing, dass die Sicherheitsmaßnahmen die Aufsichtsbehörden befriedigten. Der Betrieb einiger Personen-Schwebebahnen in der Schweiz und in Österreich beweist, dass es nicht unmöglich ist, den Anforderungen der Behörden zu genügen; eine nähere Betrachtung zeigt aber auch, dass die Behörden selbst noch keine Klarheit darüber besitzen, welche grundsätzlichen Anforde-

rungen an die Sicherheit zu stellen sind. Die Möglichkeiten
der Sicherung sollen daher kurz erörtert werden.

Die Drahtseilschwebebahnen haben ein aus festliegenden
Drahtseilen gebildetes Gleis, und die Wagen werden durch ein
endloses bewegtes Drahtseil über die Strecke gezogen. Bei den
Güterbahnen benutzt man als Gleis ein Seil, und es ist ohne
weiteres klar, dass man durch Anordnung mehrerer Tragseile
den Sicherheitsgrad beliebig erhöhen kann. Dabei handelt es
sich nur um die Kostenfrage. Zwei Tragseile werden bereits
den höchsten Anforderungen genügen, zumal wenn sie aus einem Stück bestehen, d. h., wenn man Verbindungen von einzelnen Seilstücken durch Muffen auf der Strecke ausschließt,
was bei kürzeren Bahnen möglich ist. Bei längeren Bahnstre-
cken werden sich allerdings Verbindungen der Tragseile nicht
umgehen lassen, und auch bei kürzeren Strecken müssen die
Seile an ihren beiden Enden zum Verankern oder Anbringen
von Spanngewichten irgendwie mit anderen Konstruktions-
teilen verbunden werden. Lässt man für diesen Zweck End-
muffen zu; so ist nicht einzusehen, warum man sie nicht auch
auf der Strecke verwenden sollte. Allerdings bildet jede derartige Verbindungsstelle zweier Seilstücke eine Gefahrenquelle,
wenn sich auch, wie die Erfahrung lehrt, bei zweckmäßiger
Konstruktion und sorgfältiger Verbindung die Seilenden fast
nie aus der Kupplung lösen. Eine bestimmte Muffenart vor-

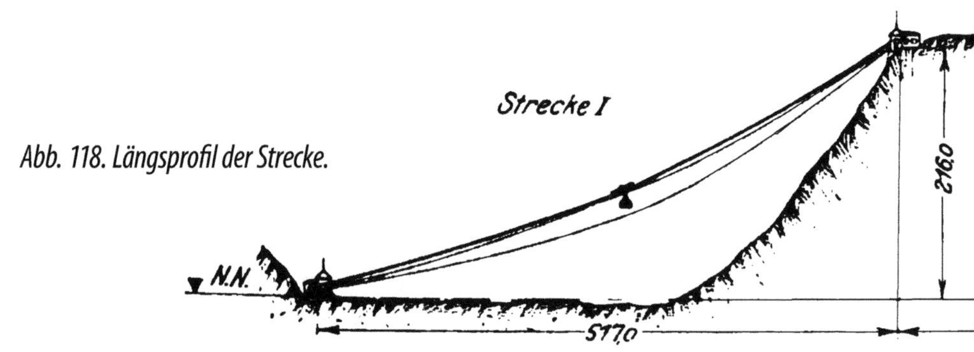

Abb. 118. Längsprofil der Strecke.

zuschreiben, ist nicht tunlich; man sollte besser jede Muffen-
bauart mit den entsprechenden Seilstücken einer Zerreißpro-
be unterwerfen.

Eine wichtige Sicherheitsmaßregel liegt in der zweckmäßi-
gen Wahl der Tragseile und ihrer richtigen Spannung. Man
darf nicht glauben, durch beliebige Steigerung der Sicherheits-
ziffer einen besonders hohen Grad der Betriebssicherheit erreichen zu können. Es ist z. B. bereits vorgeschlagen worden,
durchweg eine 10fache Sicherheit zu verlangen. Das wäre
gänzlich verfehlt. Die Tragseile von Drahtseilbahnen werden
nämlich nicht allein auf Zug, sondern infolge der Durchbie-
gung unter den Laufrädern der Wagen auch sehr stark auf
Biegung beansprucht. Die Biegungsbeanspruchung wird aber
um so geringer, je schärfer das Seil gespannt ist. Daher gibt es
für jedes Seil und jedes Verhältnis von Seilquerschnitt zu Einzellast eine bestimmte Spannung, bei der die Summe aus den
Spannungs- und Biegungsbeanspruchungen einen geringsten
Wert hat, während die Erhöhung der Sicherheit gegen Zerreißen, d. h. die Verringerung der Vorspannung, die Summe der

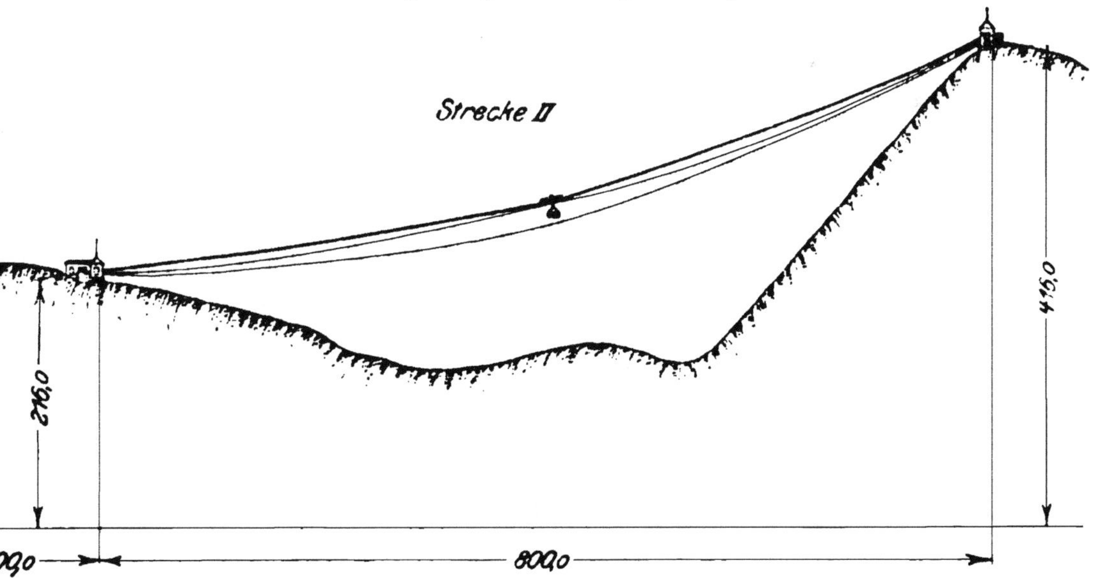

Beanspruchungen erhöht. Da die Biegungsbeanspruchungen im Drahtquerschnitt positiv und negativ sind, so darf, damit Spannungswechsel im Drahtquerschnitt vermieden werden, die negative Biegungsbeanspruchung unter keinen Umständen größer sein als die Zugspannung, und es muss ferner die Summe beider innerhalb der Festigkeit des Drahtes bleiben. Daraus ergeben sich bei bekannter Einzellast die günstigste Zugbeanspruchung und auch der erforderliche Querschnitt des Seiles. Die Biegungsbeanspruchungen spielen tatsächlich bei der Abnutzung der Tragseile eine ausschlaggebende Rolle. Denn die Tragseile reißen nie so, wie es bei reiner Zugbeanspruchung geschehen müsste, sondern zuerst brechen immer einzelne Drähte der äußersten Lage, und das ganze Seil reißt erst dann, wenn durch den Bruch einer größeren Anzahl der Drähte der Querschnitt erheblich vermindert ist. Durch eine ständige gewissenhafte Überwachung der Seile lässt sich daher ein hoher Grad von Sicherheit erreichen. Die Erfahrung hat gezeigt, dass man mit der Seilauswechslung ruhig warten kann, bis Drahtbrüche in der äußersten Lage auftreten. Daher würde es bei Personen-Schwebebahnen genügen, wenn man Auswechslung des Seiles verlangt, sobald ein einziger Drahtbruch vorgekommen ist. Das würde natürlich nicht hindern, ähnlich wie bei Schachtförderseilen, für die Seile eine längste Benutzungsdauer festzulegen.

Ganz anders als beim Tragseil liegen die Verhältnisse beim Zugseil. Unter Voraussetzung genügend großer Antrieb- und Umführscheiben treten im Zugseil nur Zugbeanspruchungen auf. Der naheliegende Gedanke, auch das Zugseil bei Personen-Schwebebahnen zu verdoppeln, erweist sich daher bei näherer Betrachtung als nicht zweckmäßig. Werden die Wagen gleichmäßig von beiden Zugseilen bewegt, so werden sich die Seile auch annähernd gleichmäßig abnutzen und zu ungefähr gleicher Zeit an der Grenze der Gebrauchsfähigkeit angelangt sein. Reißt dann das eine Seil, so wird das andere der plötzlich auftretenden doppelten Belastung höchstwahrscheinlich nicht gewachsen sein und ebenfalls reißen. Um das Ablaufen der Wagen auf geneigten Strecken beim Reißen des Zugseiles zu verhindern, schlug man daher ein besonderes festliegendes Fangseil vor, an dem sich die Wagen bei Eintritt der Gefahr durch Bremsvorrichtungen festklemmen. Am nächstliegenden wäre allerdings das Festbremsen am Tragseil gewesen, doch ist dieses nur anwendbar, wenn auf der Strecke keine Unterstützungen vorhanden sind, weil man andernfalls die Bremsbacken nicht um das Seil ganz herumgreifen lassen kann und die schon an sich sehr kleine Reibungsfläche vollkommen ungenügend wird. Außerdem hat das Festbremsen des Wagens am Tragseil den Nachteil, dass der festgebremste Wagen auf der Strecke gegebenenfalls mitten auf einer großen Spannweite in unzugänglicher Höhe festsitzt, bis es gelingt, ein anderes Seil am Wagen zu befestigen und ihn in die nächste Haltestelle zu ziehen. Das Fangseil kann man jedoch von vornherein so anordnen, dass es sich im Notfall als Zugseil verwenden lässt. Die Bremsvorrichtung hat jedenfalls, gleichgültig, ob sie am Tragseil oder am Fangseil wirkt, den schweren Nachteil aller Einrichtungen, die nur in Ausnahmefällen in Tätigkeit treten: man kann nicht mit vollkommener Sicherheit darauf rechnen, dass sie im gegebenen Augenblick ihre Schuldigkeit tut.

Um die darin liegende Gefahrenquelle zu beseitigen, kam man beim Entwerfen der Anlage in Rio de Janeiro auf den eigenartigen Plan, den Wagen mit dem Fangseil dauernd zu kuppeln und dementsprechend das Fangseil als endloses Seil auszubilden, das sich mit gleicher Geschwindigkeit wie das Zugseil bewegt. Daher sieht es aus, als ob die Bahn zwei Zugseile besäße, tatsächlich wirkt aber nur ein Seil als Zugseil, während das andere leer mitläuft und fast gar nicht abgenutzt wird. Wenn das Zugseil reißt, hängt der Wagen, ohne dass eine besondere Fangvorrichtung benutzt wird, am Fangseil und da letzteres ebenso wie das Zugseil mit einer Antriebsvorrichtung versehen ist, kann es ohne jeden Zeitverlust die Tätigkeit des Zugseiles übernehmen.

In den *Abb. 119 – 121* ist die Anordnung des Antriebes dargestellt. Zwei Antriebsscheiben *a* und *a₁ (Abb. 119)* werden von der Welle *b* aus gedreht, die aus zwei durch eine Reibekupplung *c* miteinander zu verbindenden Teilen besteht. Im gewöhnlichen Betrieb ist die Kupplung *c* gelöst. Nur die linke Antriebsscheibe *a* wird dann vom Motor gedreht und die Zugkraft auf die Wagen durch das zu dieser Scheibe gehörige Zugseil übertragen. Die rechte Antriebsscheibe *a*, wird durch das Fangseil, das mit den Wagen fest gekuppelt ist, in Bewegung gesetzt und läuft leer mit. Die Spannscheibe des Zugseilantriebes wirkt auf die Reibekupplung *c*, so dass sie diese einrückt, sobald im Zugseil eine Spannung gleich dem Doppelten der normalen Betriebsspannung auftritt. In diesem Fall ist im Zugseil immer noch eine vier- bis fünffache Sicherheit vorhanden, so dass also ein Reißen des Zugseiles praktisch unmöglich gemacht ist.

Die Tragseile haben 44 mm Durchmesser und sind aus Gussstahl von 120 kg/mm²

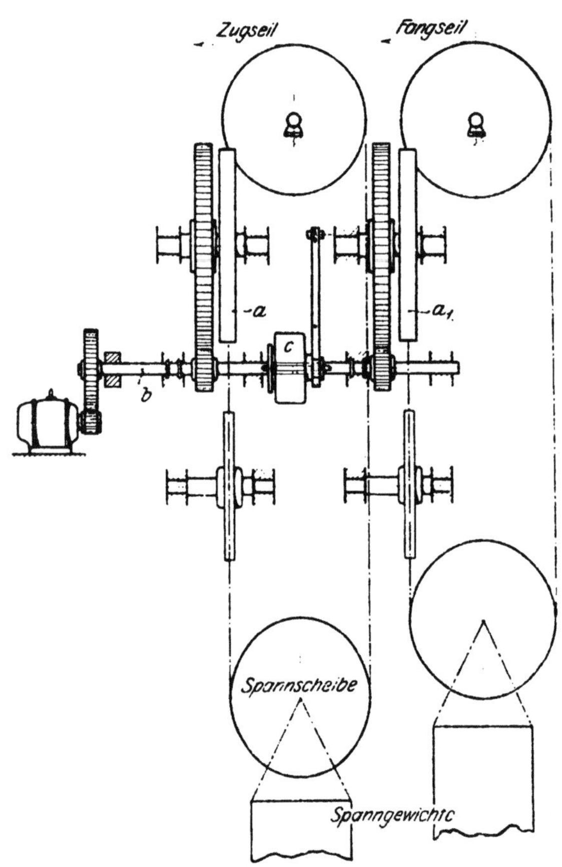

Abb. 119. Schema des Antriebs.

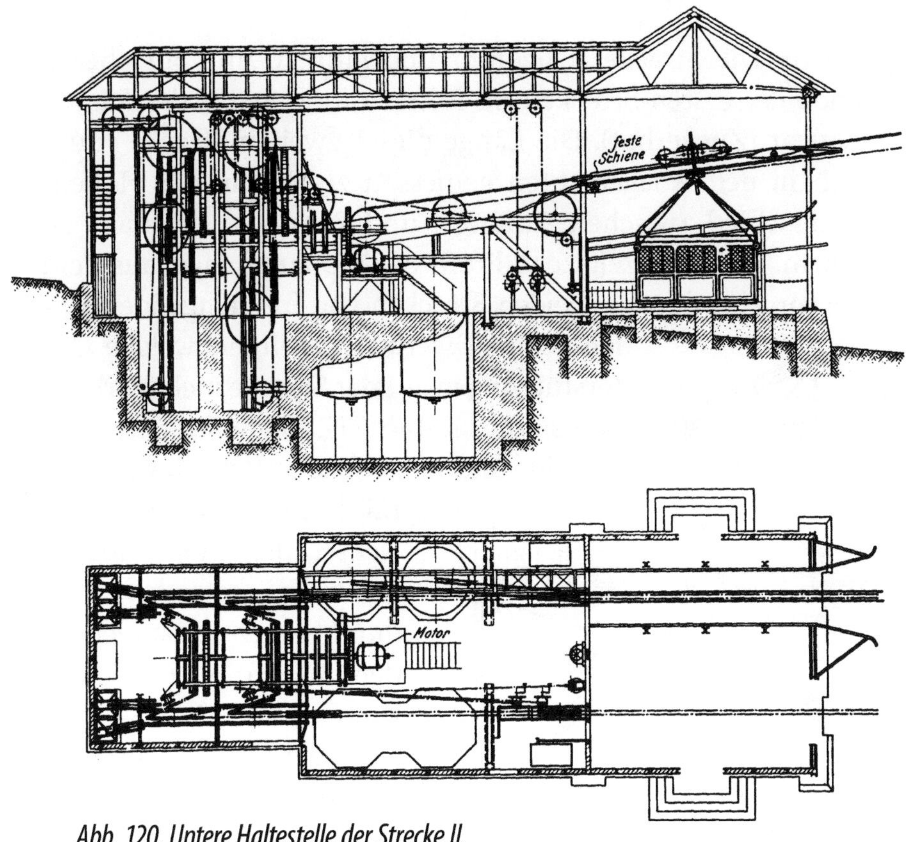

Abb. 120. Untere Haltestelle der Strecke II.

Bruchfestigkeit, entsprechend 149,5 t Gesamtbruchbelastung, hergestellt; da das Spanngewicht 33 t beträgt, ist die Sicherheit gegen Zerreißen etwa 4½fach. Die Zugseile haben 20 mm Durchmesser und sind in der üblichen Weise als Litzenseile hergestellt; die Bruchfestigkeit beträgt 180 kg/mm², die Gesamtbruchbelastung des Seiles rd. 26 t, während sich die höchste Betriebsbelastung auf rd. 3 t stellt, so dass eine 8,7fache Sicherheit gegen Zerreißen vorhanden ist.

Die Anlage besteht aus zwei voneinander unabhängigen Strecken. Strecke I führt von der Stadt aus auf die Bergkuppe des Morro da Urca; ihre waagerechte Länge beträgt rd. 575 m und der Höhenunterschied zwischen Anfangs- und Endpunkt

200 m. Die Strecke II beginnt ungefähr 200 m vom oberen Ende der ersten Strecke und führt auf die Spitze des Pão de Açúcar (Zuckerhut). Die Länge dieser zweiten Strecke ergibt sich in der Waagerechten gemessen zu 800 m, der Höhenunterschied zwischen Anfangs- und Endpunkt ebenfalls zu 200 m. *Abb. 118* zeigt das Profil der Gesamtanlage, aus dem hervorgeht, dass die beiden Strecken von frei hängenden Seilen gebildet werden und irgendwelche Unterstützungen auf der Strecke nicht vorhanden sind, *s. a. Abb. 117.* Beide Strecken sind für hin- und hergehenden Betrieb vorläufig mit je einem Wagen eingerichtet, die Anordnung ist jedoch so getroffen, dass durch einen entsprechenden Ausbau auch der Betrieb mit je zwei Wagen auf jeder Strecke durchgeführt werden kann. Die Wagen, die 16 Fahrgäste und einen Schaffner aufnehmen können, fahren auf zwei Tragseilen, die nebeneinander in einer Entfernung von 200 mm liegen. Die Seile sind in den oberen Haltestellen fest verankert, in den unteren über Rollen geführt und durch Gewichte gespannt. In den Haltestellen gehen die Wagen auf feste Schienengleise über.

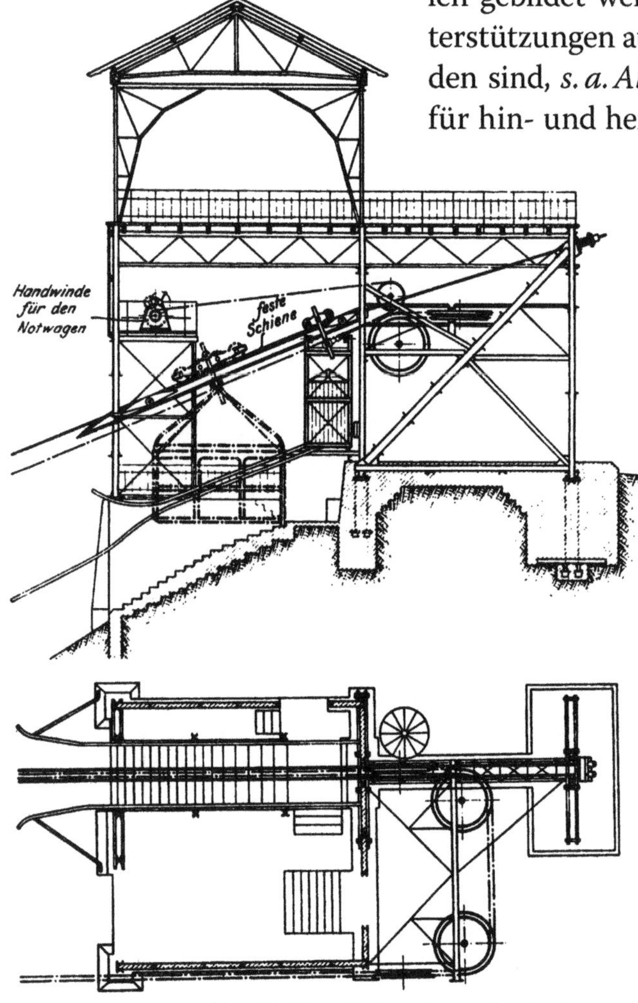

Abb. 121. Obere Haltestelle der Strecke II.

Die Wagen bewegen sich mit rd. 2,5 m/s Geschwindigkeit, wobei eine Fahrzeit für Strecke I von 4 Minuten und für Strecke II von 6 Minuten erreicht wird. Die Strecke I wird von ihrer oberen Haltestelle aus, die Strecke II von ihrer unteren aus angetrieben. Die beiden Antriebsstellen liegen also auf gleicher Höhe ziemlich dicht nebeneinander, was für die Betriebsführung besonders vorteilhaft erschien. Die untere Haltestelle von Strecke I *(s. Abb. 122)* und die obere von Strecke II *(s. Abb. 121)* sind lediglich mit Umführscheiben für das Zug- und Fangseil ausgerüstet.

Außer den bereits erwähnten Sicherheitsmaßregeln, die in der Wahl von zwei Tragseilen und der Anordnung des mit umlaufenden Fangseiles bestehen, sind noch folgende Vorrichtungen vorhanden.

Eine in das Laufwerk der Wagen eingebaute Bremse mit Gewichthebel, den ein Fliehkraftregler auslöst, verhindert, dass die zulässige Fahrgeschwindigkeit des Wagens überschritten wird. Diese Bremse steht mit einem am Wagen angebrachten Windwerk in Verbindung, das durch ein Handrad im Inneren des Wagens betätigt wird. Der Schaffner kann damit die Bremse lüften und den Wagen langsam nach der unteren Haltestelle hinabgleiten lassen. Mit dem Handrad ist noch eine zweite Bremse verbunden, die vom Schaffner betätigt wird, wenn die selbsttätige Bremse versagen oder nicht stark genug bremsen sollte. Diese beiden Bremsen umfassen mit ihren Backen beide Tragseile. Schließlich wurde auch noch der Fall in Erwägung gezogen, dass sich ein Wagen auf der Strecke so festsetzt, dass er nicht sofort nach einer Haltestelle weiter bewegt werden kann, z. B. durch Verschlingung des gerissenen Zugseiles mit den übrigen Seilen oder durch Stromunterbrechung. Um die Fahrgäste auch dann möglichst schnell aus dem Wagen herauszuholen, lässt man einen kleinen Notwagen von der oberen Haltestelle durch eine Handwinde herab, in dem die Fahrgäste nach der oberen Haltestelle heraufgewunden werden.

Die Warteräume können bei schlechtem Wetter die zu erwartende Zahl von Fahrgästen bequem aufnehmen. Sie haben für besonders starken Verkehr getrennte Ein- und Ausgänge. Über dem Warteraum der oberen Haltestelle von Strecke II ist ein Aussichtsturm aufgebaut.

Abb. 122. Untere Haltestelle der Strecke I.

Da die Fahrbahnen der Haltestellen auf dem Berg stark geneigt sind und die einfahrenden Wagen nicht immer genau an derselben Stelle halten können, hat man die Einfahrten treppenförmig ausgebildet, um das Ein- und Aussteigen zu erleichtern. Ganz ähnlich ist auch die Einfahrt der unteren Haltestelle von Strecke I ausgebildet. An der unteren Haltestelle von Strecke II konnte davon abgesehen werden, da die Neigung verhältnismäßig gering ist. Diese Einrichtung machte es notwendig, das Ein- und Aussteigen nur an den den oberen Haltestellen zugewandten Stirnseiten der Wagen zuzulassen. Die Wagen haben daher nur an der einen Stirnseite eine Schiebetür. An der anderen befindet sich das bereits erwähnte Handrad für die Bremsen. Die Sitze sind an den Längsseiten angeordnet.

Die Spitze des Pão de Açúcar, von der aus man einen prachtvollen Rundblick über die Stadt und den Hafen genießt, war früher für das große Publikum ganz unzugänglich. Nur geübte und gut ausgerüstete Bergsteiger konnten den Aufstieg wagen. Der Bau der Haltestelle auf diesem Gipfel gestaltete sich daher zu einer schwierigen und sehr interessanten Leistung. Um die Baustoffe auf die Höhe zu schaffen, hat man zunächst auf dem Gipfel ein stärkeres und ein schwächeres Seil verankert. Das stärkere wurde als Tragseil für einen Arbeitswagen benutzt, der mit Hilfe des schwächeren Seiles heraufgezogen und hinuntergelassen werden konnte. Mittels dieser einfachen Vorrichtung wurden die Stoffe für die Gründungen, die Eisenkonstruktion und die Maschinenteile heraufgezogen. Ferner diente die Einrichtung gleichzeitig zum Hin- und Herbefördern der Arbeiter. Trotz der dadurch hervorgerufenen außerordentlichen Erschwerung der Arbeiten wurde die ganze Anlage im

Bisher beförderte Personen	
27. – 31. Oktober 1912:	766
November 1912:	3752
Dezember 1912:	4043
Januar 1913:	6286
Februar 1913:	7483
März 1913:	7228

Laufe von acht Monaten ohne jeden Unfall fertiggestellt. Die untere Strecke kam am 27. Oktober 1912, die obere Strecke am 19. Januar 1913 in Betrieb.

Dieser starke Verkehr hat die Erwartungen der Unternehmer weit übertroffen und gewährleistet eine vorzügliche Verzinsung des angelegten Kapitals. Die Stadt Rio de Janeiro aber, die schon infolge ihrer unvergleichlich schönen Lage in neuerer Zeit einen stetig wachsenden Strom von Vergnügungsreisenden zu sich hinlenkt, hat damit ein weiteres Anziehungsmittel erhalten. ❏

Neue Bahnen denken
Alternative Schienenverkehrskonzepte im 19. Jahrhundert
Die Aufbruchstimmung und der technische Fortschritt im 19. Jahrhundert führten zu immer neuen Erfindungen, die den Verkehr beschleunigen und die Antriebe optimieren sollten. Dabei wurde oft das System von mit Dampflokomotiven bespannten Zügen auf zwei Schienen grundlegend in Frage gestellt. Manche dieser Ideen sind heute wieder aktuell, und so lohnt sich ein unverfälschter Blick auf dieses interessante Kapitel der Verkehrsgeschichte.
• *ISBN 978-3-7583-7184-4*

Friedrich Schultheis • Alexander Marx
Der Bau des Ludwigs-Kanal zwischen Main und Donau 1836 bis 1846
Mit dem Ludwigs-Main-Donau-Kanal gelang es, die Europäische Wasserscheide zu überwinden und eine schiffbare Verbindung von der Nordsee zum Schwarzen Meer schaffen. Innerhalb von zehn Jahren wurden 100 Schleusen, über 70 Dämme sowie zahlreichen Brücken und Brückenkanäle errichtet. Friedrich Schultheis schildert hier detailreich den Fortgang der Bauarbeiten von den ersten Planungen bis zur Einweihung im Juli 1846. 26 Doppelseitige Illustrationen von Alexander Marx geben einen Eindruck von diesem Meisterwerk der Technikgeschichte.
• *ISBN 978-3-7386-4028-1*

Hans Dominik
Denkende Maschinen
Technische Plaudereien und Betrachtungen
Der Ingenieur Hans Dominik (1872 – 1945) ist vor allem durch seine technisch-utopischen Romane bekanntgeworden. Dominik war aber in erster Linie Wissenschaftsjournalist und verfasste zahlreiche populärwissenschaftliche Beiträge für verschiedene Zeitschriften und Tageszeitungen. Dabei brachte er im lockeren Plauderton dem interessierten Laien wissenschaftliche Grundlagen und neue technische Errungenschaften näher. Dieses Buch versammelt eine repräsentative Auswahl seiner wissenschaftlichen und technischen Plaudereien.
• *ISBN 978-3-7597-8354-7*

Walter Körte • Jacobus van Ronzelen
Vom Bau der Leuchttürme Roter Sand und Hohe Weg
Mitten im Watt entstand 1854 – 56 der Leuchtturm auf der Sandbank ›Hohe Weg‹. 30 Jahre später wurde dann am ›Roter Sand‹ das erste Offshore-Bauwerk der Welt errichtet. Hier schildern die verantwortlichen Baumeister aus erster Hand, wie sie noch nie dagewesene Herausforderungen meistern mussten und den Launen der Nordsee getrotzt haben.
• *ISBN 978-3-7519-2217-3*

Zeitreisen zur Kultur + Technik　edition·epilog·de
Erhältlich in allen guten Buchhandlungen